版式设计
经验法则与实战技巧

周妙妍　著

华中科技大学出版社
http://www.hustp.com

经验 + 技巧及实战案例对比分析
周妙妍

当我编辑这本书的时候，其实是想将我的第一本书《版式设计从入门到精通》进行内容更新，后来发现与其插入新的内容在旧书里，倒不如重新再编辑一本新的版式设计书。

本书为你提供了版式设计入门者必须了解和掌握的经验和要点。如版式设计中的文字要素、图形要素、色彩要素以及网格系统的分析与应用等。这些内容能帮助你进入版式设计专业，让你进一步系统性地学习版式设计知识。实际上，本书也将指引你对版式设计进行进一步的探索。

版式设计与其他学科一样，实践出真理。本书注重对版式设计过程中"初稿"和"最终稿"的案例进行对比分析，揭示版式应用中所隐藏的经验与技巧，能够让你更快速地掌握设计要点，使你的实践更加轻松。

本书最精华的部分在于最后一章的实战案例，通过对 26 个案例进行详细的"Before""After"的对比分析，对所学的知识进行应用，给予学习者一个清晰而容易掌握的设计思路。

另外，我还在本书中特别强调了如何进行细节的调整设计，比如如何润色，怎样才是合理的色彩搭配以及如何选择合适的字体等。

总而言之，我希望本书能为设计者在学习版式道路上提供积极的帮助，激发灵感，带给你启发。

如果你认真阅读了全书，消化了其中的知识技巧，并能够将其学以致用。那么，你的设计水平会有长足的进步。随后，你可能会继续坚持这段艰辛的设计之路。毕竟设计之路没有尽头，只有不断地努力和提升自我的设计水平，才能赢取更多欣赏你设计的人，祝你学习愉快。

03 如何进行配色

04 不可忽视的版式问题 色彩篇

第五章
版式设计的网格应用

01 版心的设置

02 网格类型及设定方法

03 网格在版式中的运用

04 如何打破网格单调性

第六章
实战案例

01

第 一 章

认 识 版 式 设 计

01
版式设计概述

在平面设计中，版式设计早已被设计师广泛应用。一般来说，消费者所获取的许多信息都来源于视觉。因此，具有形式美的版式也是一种能够激发情感、刺激感官的重要因素。如今，版式设计已成为平面设计的重要组成部分，并一步步走向成熟，从而逐步形成了一门新的设计学科。

什么是
版式设计

版式设计是指设计者根据设计主题与目的，将文字、图片（图形）及色彩等视觉元素，在有限的版面内，运用视觉元素和表现手法进行有机的编排组合。版式设计已成为现代设计者应具备的基本功之一。

版式设计的应用范围涉及报纸、刊物、书籍（画册）、包装、挂历、展架、海报、易拉宝、唱片封套、网页、UI界面等平面设计。

设计师：Sergio Arteaga

网站横幅广告（Banner）设计，选用黄、蓝对比色进行配色，将主要文字放大加粗，突出主体。将"wild Life"字母与海豚元素叠压在一起，形成前后的二维视觉效果，并添加线框，大大提高了整体的层次感。

海报设计：运用重复设计手法，形成一种强烈的视觉冲击力。

海报设计：将主体文字放大，放置于版面中央。对字体进行设计和调整，让画面变得更有设计感。

企业期刊内页设计：版面主要以分栏网格的方式编排。在文字信息不足的情况下，图片通过跨页形式来提高版面的图版率，充实版面，避免版式给人空洞感。

版式设计的
目的

版式设计的目的是将相关视觉要素在有限的版面中进行合理编排布局，使之以易读的形式更好地突出主题，让消费者在阅读过程中能够迅速获取并记住所传达的信息。版式设计的目的，可以归纳为以下几个方面：

① 确定所设计的项目性质是艺术性的还是商业性的。
② 版式设计的最终目的是为受众而存在，最终要准确传递所宣传推广的信息。

版式设计不能像绘画创作那样以表现内心情感为首要目的，而应该根据版式本身的功能要求，依照版式设计的原则进行设计。

时间
2017 年 11 月 12 日—12 月 25 日
09:00—17:30

↓

2017
11/12 ⟶ 12/25   09:00
                  |
                  17:30
2017

如果标题只是以简单的文字信息展现，视觉效果就会缺少直观性和美观性。在没有其他素材的情况下，怎样把文本转化为可视化信息，也就是如何将信息更直观、更有效地传递给消费者，这就是版式设计的目的。

版式设计的
意义

很多初学者在设计的时候都不清楚版式设计到底有什么意义，即为什么需要排版，也不知道什么才是一个好的版式。一个成功的版式设计，需要明确客户的目的，要深入了解、研究市场的需求及消费群体。如果排版不到位，不仅会导致读者阅读困难，还会影响品牌的质量和推广。版式设计的意义是为了准确、流畅地传达信息，能够让受众理解其中的内容。在此基础上，必须做到主题鲜明突出，形式风格统一，整体布局多变而不凌乱。

《爱情，诗流域｜张曼娟》，设计师：CHANG YEN

02
版式设计的基本流程

所谓设计流程就是一个设计方案所经历的过程，这个过程对设计而言也是关键的一步。在设计师收集了一定的资料之后，首先，将这些资料进行比较，并进入草拟项目大纲阶段，接着需要对设计的主题进行讨论和修改，最后设计师对各种不同的编排方式进行整合，提炼出一个最有效的方案。

Tips

版式设计的基本流程图

明确主题
↓
确定消费群体
↓
分析传播信息内容
↓
确定设计宗旨
↓
明确设计要求和风格
↓
执行版面元素的编排

明确主题

我们在做版面设计的时候，必须要明确设计项目的主题，然后再根据主题内容确定版面风格。选择合适的元素，最后采用合理的设计手法，将信息准确地传递出去。

主题：踏青 ⟶ 自然
舒畅
愉悦
享受

确定
消费群体

为了传达信息，消费群体需要提前明确。不同的消费群体有不同的版式设计需求，例如在设计一款包装的时候，首先要先了解这款包装对什么消费群体具有吸引力。如果是面对儿童群体，那么包装的风格应该是轻松活跃的，字体字号要稍微大点，配色更偏向鲜艳明亮的组合。

为儿童创作的数码包装设计，设计师：Agata Dudek，Małgorzata Nowak，Acapulco Studio

分析
传播信息内容

版式设计最主要的工作就是替消费者考虑，换句话说就是要准确地传达信息，引导消费者阅读。作为一名合格的版式设计师，分析信息是设计过程中较为重要的步骤之一。要根据项目的信息内容，在版面中采用不同的编排形式，有效地传达准确的信息。

改前的版面凌乱无序，无法传达重要信息。而且表示五折的百分比"5%"表达错误，应该是"50%"。改后的版面重点突出"50%"，再以对齐的方式表示具有对比效果的色彩，简单明了地传达信息内容。

确定
设计宗旨

设计宗旨，是指当前设计的版面需要表现什么样的画面，传达怎样的信息，最终要达到怎样的宣传目的。比如做一个冰箱广告的设计，设计的宗旨是为了让消费者了解这款冰箱的保鲜度和节能效果。设计师从画面的创意和表现手法上着手，提高品牌的推广度，达到促销产品的目的。所以在做设计之前，需要明确设计宗旨。

panasonic fridge ads，设计师：nitesh verma

明确
设计要求和风格

在设计前期，需要根据设计要求和风格才能准确地把主题表现出来，并非按设计者个人想法去完成。风格表现指设计者对主题的理解，对创作手法的运用、信息传达的手段、艺术语言的驾驭等独创性表现。但是关于平面设计的视觉风格分类，目前还没有明确的标准。以下是根据我个人经验所总结的风格分类方法。

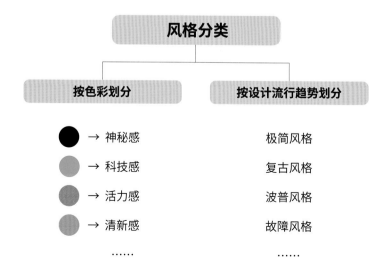

01

波普艺术是一种流行风格，其最主要的表现形式就是图形。设计风格变幻无常，追求大众化、通俗化的趣味性，设计中强调新奇与独特的特点，采用强烈的对比色彩。

02

故障艺术就是利用事物形成的"故障"效果，进行艺术加工，使这种故障缺陷成为一种艺术品，且具有特殊的美感。故障艺术的特点在于对图像或颜色进行失真、破碎、错位、变形等故障处理，甚至结合一些条纹图形的辅助。

01 设计师：Magdiel Lopez

02 设计师：Drizy / Faqih

执行
版面元素的编排

初学者往往在没有手绘草图的情况下，喜欢直接在电脑上进行排版，这样设计很可能会出现很多漏洞和问题。因此，在执行设计前绘制设计草图可以帮助构思，更能提高工作效率。

02

第二章

版式设计的文字应用

01
如何选择合适的字体

不同种类的字体代表不同的风格样式，体现文字的表现形式和风格触感。设计师应根据版面的主题风格和设计需求来选择合适的字体。

选择字体的
初步思路

在项目开始前，我们需要明确设计目的。例如：项目面向的目标人群有哪些？设计风格是什么？是否需要与其他的品牌相匹配？这些问题将有助于你解决选择和使用字体的初步思路。

项目面向的 目标人群有哪些	对应 →	确定字体 字号的选择
设计风格 是什么	对应 →	根据风格 选择字体的种类
需要突出 重要的信息有哪些	对应 →	明确信息间的 字重比例

煮叶（TEASURE），设计师：原研哉　　　　　二期俱乐部，设计师：原研哉

以上的包装设计，如果想表达简约高级感，字体可以选择黑体或宋体。但是要注意字体的粗细，粗体字带有强烈的视觉冲击力，细体字有精致细腻之感，因此细体字会更显得简约有格调。

主题风格：现代简约、高格调	对应 →	字体类型：黑体或宋体

选择
合适的字体

在选择字体之前，需要了解各字体的气质特征才能恰当运用。字体有很多种，我们可以将英文字体大致分为衬线体、非衬线体、手写体和花体。中文字体目前还没有更系统的分类，一般分为：宋体、黑体、圆体、篆书、隶书、行书、草书等。这里我们对中英文字体做大概的介绍。

黑体

思源黑体 Thin
思源黑体 Light
思源黑体 Regular
思源黑体 Medium
思源黑体 Bold
思源黑体 Black

阿里巴巴普惠体 Light
阿里巴巴普惠体 Regular
阿里巴巴普惠体 Medium
阿里巴巴普惠体 Bold
阿里巴巴普惠体 Heavy

微软雅黑 Regular
微软雅黑 Bold

汉仪旗黑 35S
汉仪旗黑 50S
汉仪旗黑 75W
汉仪旗黑 80W
汉仪旗黑 90W
汉仪旗黑 95W

方正兰亭细黑简体
方正兰亭黑简体
方正兰亭粗黑简体
方正兰亭特黑简体

蒙纳简黑体系列 Light
蒙纳简黑体系列 Medium
蒙纳简黑体系列 Bold
蒙纳简黑体系列 Xbold

黑体的风格特征

• 富有现代感、方正简洁、醒目。
• 无明显的情感表达，运用较广泛。

黑体的适用范围

• 粗体字醒目突出，适用于画面感强烈、突出强调信息的设计。
• 细体字精致简洁，适用于女性用品行业、时尚、科技、餐饮等类型。

背景板设计，字体：站酷酷黑

PPT 设计，字体：阿里巴巴普惠体

宋体

思源宋体 Light
思源宋体 Regular
思源宋体 Medium
思源宋体 Bold
思源宋体 Black

方正颜宋简体
方正颜宋简体 _ 纤
方正颜宋简体 _ 中
方正颜宋简体 _ 粗
方正颜宋简体 _ 大

方正宋黑简体
方正宋三简体
方正宋一简体

造字工房刻宋
造字工房尚雅
造字工房尚雅

宋体的风格特征

- 拥有洋气的笔触，高雅显格调。
- 具有较强的感情色彩，如历史感、秀气、文质彬彬等气质。
- 富有深厚的文化底蕴。

宋体的适用范围

- 粗体字醒目突出，适用于画面感强烈、突出强调信息的设计。
- 细体字精致典雅，适用于时尚行业、奢侈品、女性用品行业等类型。
- 适用于文化艺术、餐饮、养生、传统文化、地产等类型。

Tips

在设计商业作品时，要注意字体版权的使用。这里给大家推荐几款目前免费商用的中文字体。

思源字体： 思源黑体、思源宋体、思源柔黑。

胡晓波字体： 胡晓波骚包体、胡晓波真帅体、胡晓波男神体。

庞门正道字体： 庞门正道标题体、庞门正道粗书体、庞门正道轻松体。

站酷字体： 站酷高端黑、站酷酷黑、站酷庆科黄油体、站酷文艺体、站酷小薇 Logo 体等。

还有**阿里巴巴普惠体、OPPO Sans、台北黑体、装甲明朝体、日本花园明朝体、杨任东竹石体**，这几款字体也可免费商用。

注意微软雅黑不是免费字体。

圆体

思源柔黑 Light
思源柔黑 Regular
思源柔黑 Bold

圆体 细体
圆体 常规体
圆体 粗体

方正细圆简体
方正准圆简体

圆体的风格特征

- 富有活力和亲切感。
- 饱满且带有圆润型的边角给人亲和感。

圆体的适用范围

- 不建议作为大篇幅文段使用。
- 一般适用于儿童、孕妇产品行业或气氛活跃、温馨的活动等类型内容。

书法体

白舟行书体
汉仪尚巍手书
禹卫书法行书简体

书法体的风格特征

- 造型丰富，自由性强。
- 拥有洋洋洒洒的笔触，冲击感强烈。
- 富有强烈的感情色彩。

书法体的适用范围

- 不建议作为大篇幅文段使用。
- 书法体的风格性极强，因此适用范围也较窄。
- 书法字体主要包括篆、隶、楷、行、草。

艺术字体

艺术字体的风格特征

- 在本书中特指进行加工装饰而成的字体。
- 创造性和独特性较强，感情也较为丰富。
- 使用的局限性较大，很难通用。

艺术字体的适用范围

- 不建议作为大篇幅文段使用。
- 适用于文化艺术、创造性强、特定主题等类型。
- 一般作为标题使用，或用于品牌标识的设计。

2018 年连州国际摄影年展，设计师：another design

设计师：Yun-Fang Ho

设计师：蔡佳豪

Serif
衬 线 体

Times Regular
Times Bold

Georgia Regular
Georgia Bold

Trajan Pro Regular
Trajan Pro Bold

Didot Regular
Didot Bold

Bodoni MT Regular
Bodoni MT Bold
Bodoni MT Black

Palatino Regular
Palatino Bold

衬线体的风格特征

• 拥有洋气的笔触，优雅显格调。
• 富有丰富的感情色彩。

衬线体的适用范围

• 粗体字醒目突出，适用于画面感强烈、突出强调信息的设计。
• 细体字精致典雅，适用于时尚行业、奢侈品、女性用品行业等类型。

设计师：橘子设计事务所

设计师：Margot Lévêque

Sans Serif
无衬线体

DIN Light
DIN Regular
DIN Medium
DIN Bold

Helvetica Light
Helvetica Regular
Helvetica Bold

Trebuchet MS Light
Trebuchet MS Regular
Trebuchet MS Medium
Trebuchet MS Bold

Tahoma Regular
Tahoma Bold

Arial Regular
Arial Bold

Verdana Light
Verdana Regular
Verdana Bold

Tw Cen MT Regular
Tw Cen MT Bold

无衬线体的风格特征

- 富有现代感、方正简洁、醒目。
- 无明显的感情色彩，运用较广泛。

无衬线体的适用范围

- 粗体字醒目突出，适用于画面感强烈、突出强调信息的设计。
- 细体字精致简洁，适用于女性用品行业、时尚现代、科技、餐饮等类型。

设计师：Sergio Arteaga

CHINESE
中英组合

DIN
思源黑体

GEORGIA
思 源 宋 体

Swis721 BT
汉 仪 旗 黑

DIDOT
造字工房尚雅

中英组合的风格特征

- 同类字体的粗细相同，搭配起来会更协调。
- 中英组合需要注意字重的调整。

2018 中国台湾文博会——艺术银行，设计师：CHING YI

Tips

① 在同一版面中不宜选择过多的字体，最好不超过三款。字体风格过多容易导致版面凌乱、缺乏重点，应选择同家族字体的不同字重加以区分突出。

② 粗体字带有强烈的视觉冲击力，可以突出强调信息，一般作为标题使用。细体字带有精致细腻之感，一般作为内文使用。

02
文字的使用规范

版式设计更多注重的是文字的传达性，除了了解字体的结构特征之外，字号、行距等也会直接影响整体视觉效果。然而这些使用规范需要根据具体情况来决定，不存在固定不变的规范。

了解字号
使用规范

在设计过程中，如何选择字体和字号是初学者比较关心的问题。字号的大小与设计尺寸以及宣传目的等主要因素有关。比如设计一张户外海报，那么海报里面的主要文字就不能使用 8 pt 的字。这里就从视距角度来探讨字号大小如何使用。

视距指眼睛与物体之间的距离，例如手里拿的名片，眼睛到名片的距离（按厘米计算）就是视距。

物体

眼睛

近距：30 cm 以内
正文字号参考：7~12 pt（较为常用的是 8 pt，另外注意不同消费群体也会影响字号的选择）

卡片类　　单张　　折页　　书籍类　　包装类　　海报类 报纸类

中距：150 cm 以内
正文字号参考：48 pt 以上（确保清晰以及美观）

室内海报类　　X 展架　　招贴广告、文化墙、展览物料

远距：300 cm 以外
正文字号：字体可以尽量放大

大型广告

辅助文字号	6 pt	黑体系列
	8 pt	黑体系列
内文字号	9 pt	黑体系列
	10 pt	黑体系列
	11 pt	黑体系列
	12 pt	黑体系列
小标题字号	14 pt	黑体系列
	18 pt	黑体系列
	24 pt	黑体系列
大标题字号	30 pt	黑体系列
	36 pt	黑体系列
	48 pt	黑体系列
	60 pt	黑体系列
	72 pt	黑体系列
	x pt	

视距为 30 cm 以内
字号参考

Tips

- 字号需要根据具体的情况来确定，不存在固定不变的字号；
- 出版印刷正文的最小字号一般不能小于 5 pt，正文一般在 8 pt 左右（视距 30 cm 之内）；
- 标题字号一般是正文字号的 2~3 倍。

文字间的行距
使用规范

行距可以理解为行与行之间的距离，行距的确定主要取决于文字内容的层级关系，也受设计者的视觉感受影响。行距不能太窄，否则阅读受上下行文字的干扰；而行距太宽松则会在版面留下大面积的空白，使内容缺少延续感和整体感。这里的行距使用规范主要分为正文间的行距、标题与正文的距离、标题间的行距三种。

先分析信息
再确定主次内容

段落标题

什么是版式设计
版式设计是现代设计艺术的重要组成部分,是视觉传达的重要手段。表面上看,它是一种关于编排的学问;实际上,它不仅是一种技能,更实现了技术与艺术的高度统一,版式设计是现代设计者所必备的基本功之一。
版式设计是指设计人员根据设计主题和视觉需求,在预先设定的有限版面内,运用造型要素和形式原则,根据特定主题与内容的需要,将文字、图片(图形)及色彩等视觉传达信息要素,进行有组织、有目的的组合排列的设计行为与过程。

正文段落

① 正文间的行距

字体：思源黑体 DemiLight
字号：8 pt
行距：16 pt
公式：8 pt×2-(0~3)

可根据此公式计算合适的行距

版式设计是现代设计艺术的重要组成部分，是视觉传达的重要手段。表面上看，它是一种关于编排的学问；实际上，它不仅是一种技能，更实现了技术与艺术的高度统一，版式设计是现代设计者所必备的基本功之一。

版式设计是指设计人员根据设计主题和视觉需求，在预先设定的有限版面内，运用造型要素和形式原则，根据特定主题与内容的需要，将文字、图片（图形）及色彩等视觉传达信息要素，进行有组织、有目的的组合排列的设计行为与过程。

② 标题与正文的距离

标题字号：12 pt
标题与段的行距：12 pt×2=24 pt

字体：思源黑体 DemiLight
字号：8 pt
行距：16 pt
公式：8 pt×2-(0~3)

可根据此公式计算合适的行距

版式设计是什么

版式设计是现代设计艺术的重要组成部分，是视觉传达的重要手段。表面上看，它是一种关于编排的学问；实际上，它不仅是一种技能，更实现了技术与艺术的高度统一，版式设计是现代设计者所必备的基本功之一。

版式设计是指设计人员根据设计主题和视觉需求，在预先设定的有限版面内，运用造型要素和形式原则，根据特定主题与内容的需要，将文字、图片（图形）及色彩等视觉传达信息要素，进行有组织、有目的的组合排列的设计行为与过程。

③ 标题间的行距

标题编排要注意字与字和行与行之间的距离。标题间的行距应保持紧密以显得稳重统一，如果间距过于宽松的话，整体就会显得松散。

中文与中文

版式设计是什么
设计者所必备的基本功之一 ✕

行距过于疏松

注意：
在不同的中文字体使用中，宋体组合间的行距视觉上较为紧密，因而在选择行距的时候可以稍微宽松。

版式设计是什么
设计者所必备的基本功之一 ✓

版式设计是什么
设计者所必备的基本功之一 ✓

版式设计是什么
设计者所必备的基本功之一 ✓

对于标题组合
行距不能像正文行距那样
相反标题组合要有紧密性
形成一个主体

字号：10 pt
行距：12 pt
行距：10 pt ≤行距≤ 14 pt

中文与英文

版式设计是什么
WHAT IS LAYOUT DESIGN ✕

行距过于疏松

Tips

这里所提供的行距数据只是本人平时所积累的经验，最终还要因地制宜，学会找出适合每个文字组合的间距。

版式设计是什么
WHAT IS LAYOUT DESIGN ✓

版式设计是什么
WHAT IS LAYOUT DESIGN ✓

版式设计是什么
WHAT IS LAYOUT DESIGN ✓

对于标题组合
行距不能像正文行距那样
相反标题组合要有紧密性
形成一个主体

字号：10 pt
行距：12 pt
行距：11 pt ≤行距≤ 14 pt

03
文字的层级关系

文字的大小不同，带给人的视觉感受也不同。一般来说，大而粗的字体具有强烈的视觉冲击力；小而细的字体给人精致细腻之感。同时，文字的大小变化也会给版面带来层次感，由此形成的层级关系也会影响版面的阅读效果。

什么是
层级关系

层级关系，首先需要看信息的重要性。在设计过程中，一级标题应大于二级标题，二级标题应大于正文字号。通俗来说，谁重要谁突出，因而有主次之分。将其优先级分辨罗列清楚之后，根据优先级进行设计（可通过色彩、大小、字形、位置等不同表现手法来体现）。层级越多就越丰富，版面就更有节奏感。

① 通过大小对比
突出主体

② 通过颜色对比
突出主体

③ 通过形状对比
突出主体

如何打造
文字的层级关系

① 改变文字字号

通过改变字号的大小，使信息之间的主次关系能很好地区分出来。一级标题应大于二级标题，二级标题应大于正文字号，正文应大于辅助文字字号。需要注意，在出版印刷的时候，最小正文字号一般不能小于 5 pt，正文一般在 8 pt 左右。

Tips

右图为文字层级规范网格图，可以快速确定不同层级的字号使用规范，此方法基本适用于不同平面设计。

文字层级规范网格图

一个田字格大小代表主标题字号的范围

田字格的 1/2 大小代表副标题字号的范围

田字格的 1/4 大小代表内文字号的范围

田字格的 1/8 大小代表辅助文字字号的范围

② 改变字体粗细

如果改变字号的大小还未能拉开层级之间的关系，不如尝试通过字体间的粗细来改变，这也是区分主次关系最简单的方法之一。

③ 改变字体颜色

通过调整色彩，使主要信息更加明显，让层级更加清晰。一般会使用对比色来加强主次，而色彩的对比可以是饱和度和明暗等的对比，但在强化主体色彩时要与画面整体气质相协调。

④ 改变字体肌理

肌理指的是物体表面的纹理。如果应用在平面设计上，会产生不同"肌理的美"，瞬间给画面带来不一样的艺术效果。

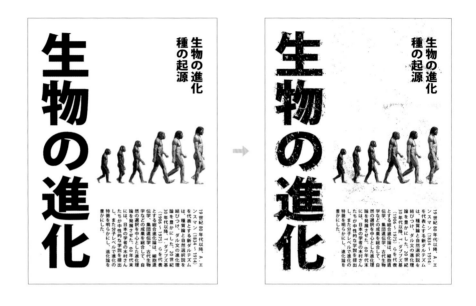

⑤ 改变排版方向

文字的方向编排是指把文字整体或局部排列成倾斜状态，构成非对称的画面形式，使版面具有动感和节奏感，富有强烈的视觉效果。

04
文字的编排方式

在进行文字的编排之前，首先要理解文字的内容。我见过很多设计师只注重版式美观而不关注文字内容，把文字一拿到手就开始编排，从不考虑文字在说什么。他们认为文字一定要服从于版式需求，然而这是不正确的设计方法。对于一篇文案稿，如果我们不去理解它表述的内容，就很容易本末倒置。

对齐
编排方式

在设计中每个视觉元素都要保持对齐，文字的编排同样也需要。对齐让版面中的元素有一定的视觉联系，以确保整体的秩序感和整齐感。常用的对齐方式有左对齐、右对齐、居中对齐、顶部对齐、底部对齐、强制对齐、复合对齐等。

左对齐是最常用的对齐方式，更符合人的阅读习惯，让阅读更加流畅和舒适。

右对齐与人的阅读习惯相反，阅读起来不是很方便，这种方式较为少用，但这种方式会让版面显得活跃，具有新鲜感。

① 左对齐

版式设计是什么
WHAT IS FORMAT DESIGN

版式设计是现代设计艺术的重要组成部分，是视觉传达的重要手段。表面上看，它是一种关于编排的学问；实际上，它不仅是一种技能，更是现代设计者所必备的基本功之一

② 右对齐

版式设计是什么
WHAT IS FORMAT DESIGN

版式设计是现代设计艺术的重要组成部分，是视觉传达的重要手段。表面上看，它是一种关于编排的学问；实际上，它不仅是一种技能，更是现代设计者所必备的基本功之一

居中对齐的左右两端呈现出对称的状态，使版式结构富有强烈的节奏感。

强制对齐指版面中的元素强制性拉伸到两端，确保两边的元素全部对齐。这种方式一般不建议大篇幅文段使用，适用于标题性的编排。

③ 居中对齐

版式设计是什么
WHAT IS FORMAT DESIGN

版式设计是现代设计艺术的重要组成部分
是视觉传达的重要手段
表面上看，它是一种关于编排的学问
实际上，它不仅是一种技能
更是现代设计者所必备的基本功之一

④ 强制对齐

版 式 设 计 是 什 么
WHAT IS FORMAT DESIGN

版式设计是现代设计艺术的重要组成部分，是视觉传达的重要手段。表面上看，它是一种关于编排的学问；实际上，它不仅是一种技能，更是现代设计者所必备的基本功之一。

⑤ 复合对齐

复合对齐指在一个版面上同时出现几种对齐方式（如下图）。在使用复合对齐时，先确定好主轴线的对齐，也就是版面中主要信息的对齐方式，这样才能确保画面的平衡。

右图中可以看到文字使用了居中对齐方式，因为版面有图片，所以文字部分分别与图片再进行顶部对齐和底部对齐。

顶部对齐

2014

YUNAN

武夷山，桐木村

一或
YIHUÒ

底部对齐

居中对齐
主轴线

左对齐
主轴线

右图大部分为文字的编排，对齐方式多样。其中很明确看到有左对齐，其次看到右下角内容的左对齐以及顶部对齐和底部对齐。虽然使用的对齐方式比较多，却不影响整体版面，利用留白效果，使版面更加简洁有格调。

云南古树红茶

祖国边境线附近，云南临沧镇康县
树龄超过百年的古茶树，根基深
叶片更加肥厚，物质含量丰富
采摘一芽二、三叶，风格成熟稳重

左对齐   左对齐

杯泡   功夫茶具
最佳比例：200mL 水   最佳比例：100mL 盖碗
1.5g 茶 ｜ 90℃水温 ｜ 5min   3g 茶 ｜ 95℃水温 ｜ 每泡时间间隔 5s

顶部对齐

底部对齐

标题
编排方式

① **横竖组合**

标题组合的编排一般都会使用三种基本的编排方式：横编排、竖编排和横竖编排。这三种方式比较容易掌握，使用较为广泛。

② **错位组合**

错位组合其实是在对齐的基础上改变位置，是一种打破常规对齐的个性表达，也是提升文字编排和整体画面创意性最简单、最实用的设计技巧，例如位置错位和笔画错位。

③ **线框组合**

在文字中插入线（线框）或其他图形元素，使整个标题变化更丰富。在使用中需要注意线（线框）的粗细和长度，考虑它们与信息传递起到什么作用，而并非随意添加的。

创意
编排方式

① 描边式编排

将重要的文字信息进行描边，反常规地通过描边来强调边线，这样的处理能够产生近似图形化的效果，增加画面的独特创造性。

设计师：Yun-Fang Ho

② 沿形式编排

文字的沿形式编排是指将文字按照图形的形状排列，使文字随着图形的轮廓起伏变化，整体产生明显的节奏美感，前提是要确保文字的辨识度。

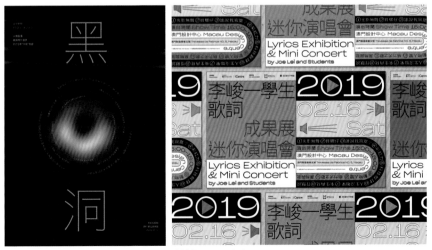

设计师：untitled macao

③ 文字底色填充

为了让一段文字更加突出，或者让文字更具表现力，不妨替这段文字加上底色。虽然将文字进行底色填充的方法十分简单，但却能立马让画面富有层次感。

设计师：Miuyan Chow　　　　　　　设计师：Alex Chen

④ 文段错位编排

文段编排一般都使用对齐编排，可以让版面中的元素有一定的视觉联系，以确保整体的秩序感和整齐感，但很难打造出新颖的视觉效果。而文段错位就能营造出视觉美感的错位艺术，让文字编排具有一定的个性。

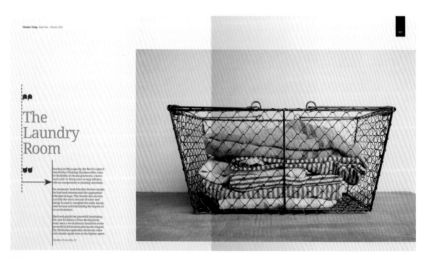

设计师：Kevin Tran

⑤ **笔画错位缺失**

在字体设计中，笔画错位缺失是一种常用的创新手法。将文字的笔画进行位置上的错位偏移或笔画缺失，能给人一种强烈的层次感，以全新的形式呈现出更好的视觉感。即使是英文字体，也可以使用这种处理方法，让画面的元素灵活而有个性，但在错位的时候一定要注意文字的识别度。

设计师：Kuo Yen Hung　　　　　　设计师：HOUTH

⑥ **笔画替换**

在不影响字体结构识别的情况下，运用元素替换某些笔画，可以让原本普通的字体产生新的视觉效果，形成一个不错的文字组合。

设计师：another design　　　　　　设计师：李子安

⑦ **穿插式编排**　　巧妙地将文字与主图穿插在一起，整体达到图文并茂的版面效果。这样可以提高画
面的趣味性，并能同时传达图、文两种信息。

设计师：Ivan Moreale

⑧ **图形式编排**　　文字的图形式编排是将文字编排成一条线、一个面或一个图形，应着重从文字组合入
手，而不仅是强调单个文字的字形变化。

设计师：Jenifer Blanco Monzón

THOSE
LAYOUT
PROBLEMS

05 不可忽视的版式问题
文字篇

避免
孤行寡字

孤行
指出现在页面顶端新开一页
的单行文字。

寡字
与孤行类似，通常是被排版
成单独一行的单个文字。

Before

孤行

版式设计是现代设计者所必备的基本功之一。

版式设计是指设计人员根据设计主题和视觉需
求，在预先设定的有限版面内，运用造型要素
和形式原则，根据特定主题与内容的需要，将
文字、图片（图形）及色彩等视觉传达信息要素，
进行有组织、有目的的组合排列的设计行为过
程。 寡字

After

版式设计是现代设计者所必备的基本
功之一。

版式设计是指设计人员根据设计主题
和视觉需求，在预先设定的有限版面
内，运用造型要素和形式原则，根据
特定主题与内容的需要，将文字、图
片（图形）及色彩等视觉传达信息要
素，进行有组织、有目的的组合排列
的设计行为与过程。

注意标点符号
避头尾原则

避头尾设置可以避免每行的
开始和结束出现不符合常规
的符号。例如：当行的第一
个字符为"，"（逗号）时，
设置"避头尾设置"可以使
该符号不出现在行的第一个
字符中。

Before

版式设计是指设计人员根据设计主题和视觉需
求，在预先设定的有限版面内，运用造型要素和
形式原则，根据特定主题与内容的需要，将文字
、图片（图形）及色彩等视觉传达信息要素，进
行有组织、有目的的组合排列的设计行为过程。

After

版式设计是指设计人员根据设计主题和视觉需
求，在预先设定的有限版面内，运用造型要素
和形式原则，根据特定主题与内容的需要，将
文字、图片（图形）及色彩等视觉传达信息要
素，进行有组织、有目的的组合排列的设计行
为过程。

Grid Indesign 手写体
格栅设计 黑体

在页面设计中，网格为所有的设计元素提供了一个结构，它使设计创造更加轻松、灵活，也让设计师的决策过程变得更加简单。网格使设计师能做出可靠的决定，并有效地运用自己的时间。楷体

Grid Indesign
格栅设计

在页面设计中，网格为所有的设计元素提供了一个结构，它使设计创造更加轻松、灵活，也让设计师的决策过程变得更加简单。网格使设计师能做出可靠的决定，并有效地运用自己的时间。

使用的字体 不要超过 3 种

避免设计看起来太繁复。尝试选择家族字体，这样信息可以被高效地接收并更具有逻辑性。

Grid Indesign
格栅设计

在页面设计中，网格为所有的设计元素提供了一个结构，它使设计创造更加轻松、灵活，也让设计师的决策过程变得更加简单。网格使设计师能做出可靠的决定，并有效地运用自己的时间。

Grid Indesign
格栅设计

在页面设计中，网格为所有的设计元素提供了一个结构，它使设计创造更加轻松、灵活，也让设计师的决策过程变得更加简单。网格使设计师能做出可靠的决定，并有效地运用自己的时间。

不要使用 太多的效果

过度装饰文字的话，读者读起来就会变得困难，文字的可读性会降低。文字不是装饰品，而是导语工具，所以切忌装饰过度。那些过度的彩虹渐变、阴影、描边和其他天花乱坠等效果，应适当舍弃。

请重视
对齐方式

文字的编排需要一定的对齐性，让版面中的元素有一种视觉上的联系，以确保整体的秩序感并方便阅读。

Before

After

对齐
是设计的标配

文字的编排需要一定的对齐性，
让版面中的元素有一种视觉上的联系，
以确保整体的秩序感并方便阅读。

ALIGNMENT IS A DESIGN MATCH

对齐
是设计的标配

文字的编排需要一定的对齐性，让版面中的元素有一种视觉上的联系，以确保整体的秩序感并方便阅读。

ALIGNMENT IS A DESIGN MATCH

让文本
有主次关系

重要的部分合理地使用字号、颜色、字体等方式加以突出，无关紧要的部分就可以普通一些。

Before

After

让文本
有主次之分

标题应该比正文更突出

重要的部分合理地使用字号、颜色、字体等方式加以突出，无关紧要的部分就可以普通一些。

让文本
有主次之分

重要的部分合理地使用字号、颜色、字体等方式加以突出，无关紧要的部分就可以普通一些。

Before

如果标题过长应学会断行

你是否很吃力才能读完一篇文章的标题？或在阅读过程中一次次迷失在文字的换行中？其实这些都是因为文本宽度设置不当。过宽则会让句子变得冗长而难以阅读。

After

如果标题过长
应学会断行

你是否很吃力才能读完一篇文章的标题？或在阅读过程中一次次迷失在文字的换行中？其实这些都是因为文本宽度设置不当。过宽则会让句子变得冗长而难以阅读。

如果标题过长
应学会断行

你是否很吃力才能读完一篇文章的标题？或在阅读过程中一次又一次迷失在文字的换行中？其实这些都是因为文本长度设置不当。过宽的文本会让句子变得冗长而难以阅读。

Before

习惯把文本段落
左右均齐

在版式设计中，左右均齐的排列方式是指在文字段落的每一行中，从左到右的长度是完全相等的。当使用左右均齐的编排方式时，段落最终排列的形状往往是非常规整的。也正是这项特征，使得画面表现出规范有度的效果。

After

习惯把文本段落
左右均齐

在版式设计中，左右均齐的排列方式是指在文字段落的每一行中，从左到右的长度是完全相等的。当使用左右均齐的编排方式时，段落最终排列的形状往往是非常规整的。也正是这项特征，使得画面表现出规范有度的效果。

习惯把文本段落
左右均齐

在版式设计中，左右均齐的排列方式是指在文字段落的每一行中，从左到右的长度是完全相等的。当使用左右均齐的编排方式时，段落最终排列的形状往往是非常规整的。也正是这项特征，使得画面表现出规范有度的效果。

第三章

版式设计的图片应用

01
图片类型与调整方式

图片具有形象化、抽象化、直观化的特性。设计师在确定设计主题后，就要根据主题来选取合适的图片运用到设计中。然而一个主题可以使用不同的图片形式表达，例如选用插画、实物拍摄或其他图形表达。

图片的类型
有哪些

① **具象性图片**

具象性图片可以真实准确地反映和表达出所要传达的内容。这类图片多以写实拍摄为主，另外还可以根据主题对图片进行其他处理，让画面更加丰富。这类型的图片广泛运用于产品海报、广告宣传、书籍、影视作品等。

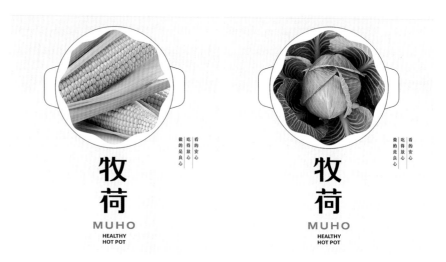

MUHO HOT POT，设计师：涂设计 TU DESIGN OFFICE

设计师：Graphéine

② **插画类图片**　插画形式可以理解为拍摄以外的点线面图形组合，也就是经过手绘处理的图形。插画的好处在于它具有丰富的想象力和自由创造性。

MACAO CLASSIC BRAND，设计师：untitledmacao

③ 视觉化信息图

视觉化信息图的意义在于运用形象化的方式，把难以理解的抽象信息或复杂的数据直观地表现和传达出来，从而形成有趣的信息图。目前是很多设计师、用户体验设计师和 PM 产品经理等工作者都会使用的方法。

视觉化信息图不一定限制于对数据进行转化。一个关键词或一段话，也可以通过这种方式进行延伸设计。

如下面列举的关键词：

区域分布 ——→ 地　图
产品功能 ——→ 图　标
数据分析 ——→ 图　表
公司历程 ——→ 时间分布

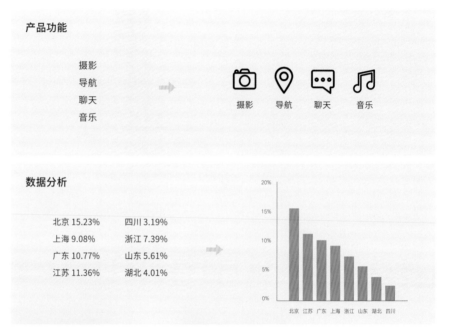

Tips

当版面信息量过少而不足以支撑版面时，可以选择将信息进行二次提取，再把提取出来的信息进行视觉化，形成新的元素。这样就能把空白的版面进行填补，让版面更加丰富。

The Committee of Civil Initiatives Annual Report，设计师：Olga Lantsova

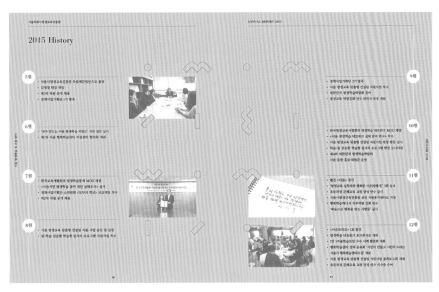

设计师：Hyojeong Lee

上图中可以看到"公司历程"的信息使用了简单的图标形式来表达。运用网格来划分好信息区域，这样的做法不仅让版面更整洁，还能让读者更快速地获取信息。

Tips

视觉化信息图并非信手拈来，而是对信息进行二次提取，再转化为有效直观的信息图，让阅读者更快速地获取信息。

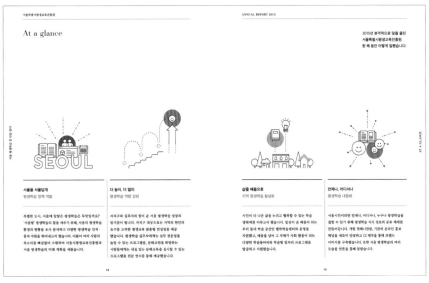

设计师：Hyojeong Lee

同样将信息转化为视觉化信息图，但这种信息图比较复杂。如果版面还有其他大量信息，应尽量避免使用这种较复杂的矢量图，我们最终的目的还是应让版面能够保持整齐、简洁的阅读氛围。

如何
调整图片

不同大小、色调、视角或质量的图片分布在版面上，就会产生不同的视觉效果和画面气质。如果对图片进行合理的调整和处理，就可以制造出画面的美感和节奏感。

① 尺寸调整

图片的尺寸可以影响到版式的最终效果。一般来说，尺寸大的图片比尺寸小的图片更容易吸引注意力。但是当图片数量较多时，又要思考如何调整才能让版面显得有序。

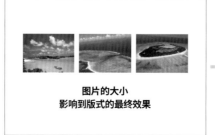

① 不同的图片尺寸大小，是区分层级关系的有效手段，可以使版面显得富有节奏感和变化。但是，为了保持页面内的平衡，需要对图片的比例进行调整。

② 如果图片数量过多，而每张图片的尺寸都一致，就会使得图片的主次不明显。这时需要对图片进行大、中、小三个级别分类，明确图片的主次关系。

Tips

同一类的图片采用不同的尺寸，能得到不同的视觉效果。不同尺寸的图片也可以让整体版面产生层次感。但并不是说一定要采用多大的尺寸才能达到理想的效果，而是根据版面来选择采用哪一种尺寸最为合适。

② 色调调整

图片的色调会影响整体版面的平衡和质感。特别是版面内有多张图时，如果大部分图片的色调或气质相差太大，会使版面凌乱。因此要尽量调整图片整体的色调，使其达到版面的平衡统一感。

③ 视角调整

即便是同一张照片，视角的不同也会影响最终效果。例如图片的远近，是要表达图片的特写还是远景的视觉角度。特写会有放大的效果，因而视觉冲击力较大，远景有一种简洁大气的感觉。

整体视角

特写视角

02
图片的展示方式

从视觉传达设计的层面上看,图片具有形象化、抽象化、直观化的特性。设计师在确定设计主题后,需要根据主题来选取合适的图片运用到设计中,同时还要掌握图片的展示方式与图片处理的新技术以及研究的新方法,运用合理的处理方法来完成版式设计工作。

几何形图

对图片外形来说,大体上可分为几何形与自然形两种形态方式。一般能直接用公式算出形状面积的图片叫做"几何形图"。几何形图主要分为四边形图和圆形图,如四边形中的方形、梯形等形状。其中四边形图是较常见、较简洁大方的形态,在较正式文本或宣传页设计中应用较多。而圆形图在版式中呈现出柔和、活泼的形象。

四边形图是最常见的,它可以将图片的细节保留下来,同时给人一种稳定、庄重和安静的感觉,但是较容易使画面显得呆板。当多组图片同时出现时,较常使用四边形图的排列方式。

圆形图也是一种较为常见的图片展示方式，它能打破四四方方的规整样式，形成一种介于四边形和自然形之间的效果，给人一种圆润、柔和的视觉感受。

出血图

在设计过程中，为了解决版面问题，会将图片的一边或多边超出版心范围并靠近页面边缘，经过裁切之后不留空白，这就是出血图。巧妙地运用出血图的排版方式，可以给版面带来另一种视觉张力。但是在使用这种方式时，不能将图片中的重要信息放置于订口或切口处，避免在装订时会对其造成破坏。

Tips

① 图片出血的好处是能提高版面的图版率，特别是在编排少图少字的版面时，扩大图片面积是填补空白的有效方法。但是要注意版面的主次关系和空间的节奏感。

② 图版率指的是图片占页面面积的比例，图片占页面面积越小，图版率越低，反之就越高。

单边出血

双边出血

三边出血

四边出血

教你如何
欣赏建筑之美
THE BEAUTY OF THE BUILDING

图中看到有两张图片和几段文字，整体的信息量并不多，但是为了提高图版率，可以从图片入手进行处理。
两张图片都使用了双边出血，打破了页边距的限制，使版面更加舒畅。

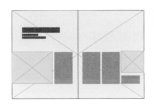

贵族的运动—高尔夫
THE GOLF OF
THE ARISTOCRACY

版面中的图片运用满铺方式作为画面的背景，大大提高了图版率。另外其他的图片也使用了单边出血，再添
加一个白色色块，并运用跨页编排的方式，让版面的层次感更加明显。

去底图

去底图是指对图片中具体图片的外轮廓进行抠图，并将背景删除，只保留图片中需要的部分，而这种形态也可以叫"自然形图"。这种处理方式比较灵活，没有固定的规律。由于抠出来的图形是没有背景的，因此去底图可以更好地与其他视觉元素搭配使用，更显设计感和空间感。另外，去底图可以分为全部去底图和局部去底图。

① 全部去底图

沿着主体轮廓进行抠图，将图片的背景全部删除，仅留主体部分，采用这种处理方式的图片叫作全部去底图。全部去底图可以去除图片中繁杂、不和谐的背景，使该图片的视觉形象得到提炼，并使主体形象更加醒目突出。

抠出的图进行尺寸的变化，可以让画面更有层次。

将上图中的元素进行去底处理，调整好每张图的尺寸，再进行层级的变化。因而整体给人活泼多样、轻快而富有节奏的感觉。但如果处理不当就会导致版面混乱无章。

② 局部去底图

如果想让图片具有更强烈的层次感，那么可以尝试用部分去底图。再添加色块线框或其他元素穿插其中，从而提高整体的视觉效果，这同样会增强画面的空间感与立体感。

Tips

什么时候做去底处理?

① 当画面单调，层次不够丰富时，去底可以增加画面层次感，甚至可以添加视觉元素与图片结合使用。

② 当版面的图片数量较多时，去底可以节省版面位置，营造出更多的留白空间。

③ 当图片质量不好或背景过于繁杂时，去底可以提高画面质感。

④ 当想营造有品格的画面时，去底可以提高留白感。

图片以跨页形式做出血编排，再将图中的建筑物进行部分抠图，添加色块穿插于图中。最后把文字信息放置在色块中，进行合理的文字编排。版面瞬间具有强烈的空间感，减少之前版式所呈现的单调感。

03
图片在版式中的作用

图片在版式设计中占有很大的比重，在视觉上可以让版面更丰富，在主题的传达方面也更加清晰直接。图片之间的大小、摆放位置、表现形式以及与文字的搭配等都影响着版面的变化。

提高版面率

版面率是指版面设计中页面四周留白部分的面积比例。版面率越大，版面所占内容就越多，视觉感越丰富。相反版面率低，留白越多，却有一种舒服自然的感觉。然而版面率的控制应该根据不同的内容改变。

Tips

当信息内容不足以支撑版面时，不妨扩大图像面积，提高版面率，使版面有一种强烈的视觉冲击力。或者通过添加颜色取得与提高版面率相似的效果，从而改变页面所呈现出来的视觉效果，这样就不会让版面显得过于单调和空洞。

增加张弛度

当图片数量过多时，我们需要对图片进行大、中、小三个级别的分类，明确图片的主次关系。不同大小的图片分布在版面的各个位置上，就有不同的视觉效果。如果对图片进行空间上的调整，就可以增加画面的张弛度，营造出强烈的视觉节奏感。

在多图片的情况下，如果所有图片几乎按相同尺寸排列，就会给人呆板、无趣的效果。应打破常规设计，合理调整图片大小，把图片的主次关系和层次感体现出来，让版面更显张力。

提升层次感

如果觉得版面层次不够丰富,可以将文字与图形进行穿插、叠压处理。巧妙地将文字与主图穿插在一起,整体达到图文并茂、别具一格的版面构成形式。这不仅能给画面带来二维空间感,还能提高整体的设计感。

右图文字与图片相互重叠遮挡,让画面看起来更显立体感。就算文字被遮挡了一部分,也能被识别出来。这样不仅能吸引消费者的注意力,还能让画面更具有趣味性。

设计师:Sergio Arteaga

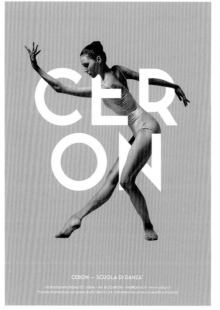

设计师:Ivan Moreale   设计师:Hugo Aranha

丰富画面感

除了图文之间的穿插、叠压处理外，还可以将图片作为背景图使用，既可以丰富画面感，还能提升层次感。当画面感不够饱满时，适当添加背景图能起到很好的视觉填充作用。需要注意背景图不能过于明显，否则会喧宾夺主，也不能随意添加，而要合理地进行设计。

将主图与背景图叠压，形成前后的视觉关系，让画面看起来更有层次感。这不仅能提升画面吸引力与趣味性，还能提高整体的设计感。

在信息量不足的情况下，可以添加肌理材质作为背景图。既能增加细腻感，还能起到丰富画面的作用，瞬间给画面带来不一样的艺术效果。

营造留白感

留白并不是通过一个固定的颜色或状态去定义，而是以各种不同的形式存在。有时候是一段文字、一个角版图，甚至一个单独的元素，都能为设计带来留白效果。如果通过图片来营造画面留白感，前提是需要选择高质量和构图干净的图片作为主图，再考虑图片的展示形式，这样才能得以升华，营造视觉美。

太多的视觉焦点会产生凌乱感，应去掉多余的元素来突出画面中的视觉焦点，在视觉上充分体现主导地位。留白相当于舞台，衬托出主角。

品 茶 悟 道

茶文化的出现
把人類的精神和智慧帶到了更高的境界
茶與文化關系至深，涉及面很廣
這裏既有精神文明的體現
又有意識形態的延伸
它有益提高人們的文化修養和藝術欣賞水平
茶不但對經濟起了很好的作用
成了人們生活的必需品
而且逐漸形成了絢爛奪目的茶文化
成為社會精神文明的璀璨明珠

THOSE
LAYOUT
PROBLEMS

04 不可忽视的版式问题
图片篇

图和文
不能靠太近

如果图片和文字存在关联性，那么文字编排时，与图片的距离不能过于紧密，否则会影响文字的阅读效果。两者的距离一般为文字的高度多一点，主要确保文字能方便阅读。

Before

After

版面设计的两大要素就是图片和文字，它们各自独立发挥着作用。想要发挥二者的功能，必须使二者相对独立，不可以过于接近。

版面设计的两大要素就是图片和文字，它们各自独立发挥着作用。想要发挥二者的功能，必须使二者相对独立，不可以过于接近。

学会调整
图片的视角

当图片主体具有方向性的时候，应当在主体视线前方留出空间，使主体与前方形成足够多的空间感，而不至于显得拥挤和压抑。

Before

After

Before

After

图片不能
进行变形使用

当对图片进行放大或缩小时，一定要在保持整体比例的状态下给以缩放。不能因为空间问题而直接把图片异常放大或缩小。

Before

After

文字应清晰地
出现在图片上

当文字和图片不能明显区分时，会导致读者阅读困难。如果无法修改文字颜色，可以在图片和文字之间添加一个色彩层，增加文字与背景的对比和识别度。

把图片中
阻碍物裁切掉

我们经常遇到一些图片主体
的周边会存在多余的杂物，
这样就会影响图片整体的视
觉效果。因而，需要把这些
阻碍物处理掉，让传达的信
息更突出，画面看起来才会
更美观和专业。

Before   After

图片的裁切
是否展现重点

将需要突出的部分保留下来，
以特写角度展示重点，去掉
其他无须展示的部分。因此，
在设计时需要根据设计主题
和目的来决定是否把焦点展
现出来，然后再进行适当的
裁切。

Before   After

图片的比例
是否统一

当出现多图片的时候，如果
所展现的图片比例不一致，
就很容易丧失整体性和统一
感。应确定所展现的部分是
特写还是整体，再进行图片
比例的调整。

Before

After

避免添加
过重的阴影效果

别小看阴影效果，如果处理
不好，就会影响整体的质感。
阴影不需要过于夸张，适当
而精致就可以。

Before

After

第四章

版式设计的色彩应用

01
色彩的基本知识

色彩是一种无声的语言，它能通过冷暖色调、明度、纯度、色彩调和、大小面积、位置变化等配色技巧将信息传达给受众。它能反映某个时代的民族文化，也能传递喜怒哀乐的感情色彩，表达人情冷暖。运用合理的色彩搭配，能有效地将设计主题传递出去。

色彩
是什么

色彩是人脑识别反射光的强弱和不同波长所产生的差异感，与图形同为最基本的视觉反应之一。色彩作为商品最显著的外貌特征，能够首先引起消费者的注意。在版式设计中，配色是非常重要的。如果没有掌握配色的基础知识，设计过程中会十分困难。色彩运用是传达效果的工具。色彩大致可以分为两大类，即有彩色和无彩色。有彩色具备色彩三属性，无彩色只有明度变化。

无彩色

指无色彩感的黑、白、灰。无彩色只有明度变化，没有明显的色相偏向，所以称之为无彩色。所以，在设计配色中，如两色发生矛盾冲突时，可以采用无彩色调和。

设计师：Hyun Dajung, Lee Hyojin, Kim Yura

设计师：Bulldog Drummond

C:0 M:95 Y:100 K:0	正红 - 热烈
	葡萄色 - 富饶
C:0 M:95 Y:35 K:0	蔷薇色 - 深情
C:10 M:100 Y:20 K:0	牡丹红 - 富丽
C:0 M:60 Y:20 K:0	玫瑰粉 - 温和
C:0 M:20 Y:10 K:0	浅粉 - 烂漫
C:0 M:80 Y:85 K:0	朱红 - 活力
C:20 M:69 Y:88 K:33	红茶色 - 充裕
C:0 M:55 Y:100 K:0	太阳橙 - 热忱
C:0 M:30 Y:60 K:0	肤色 - 柔和
C:0 M:40 Y:100 K:0	金盏花 - 欢快
C:0 M:20 Y:100 K:0	铬黄 - 活动
C:20 M:15 Y:80 K:0	那不勒斯黄 - 优美
C:25 M:0 Y:90 K:0	黄绿色 - 新生
C:45 M:0 Y:95 K:0	苹果绿 - 平和
C:75 M:0 Y:75 K:0	翡翠绿 - 新颖
C:45 M:40 Y:100 K:50	橄榄绿 - 保守
C:70 M:20 Y:70 K:30	浓绿 - 激昂
C:100 M:30 Y:60 K:0	孔雀绿 - 变换
C:55 M:7 Y:45 K:12	灰绿色 - 思念
C:28 M:0 Y:25 K:0	绿白色 - 萌动
C:15 M:0 Y:5 K:0	白青 - 温暖
C:55 M:0 Y:18 K:0	水色 - 纯洁
C:80 M:10 Y:20 K:0	孔雀蓝 - 末梢
C:95 M:60 Y:0 K:0	青 - 卓越
C:65 M:15 Y:20 K:2	尼罗蓝 - 理性
C:100 M:35 Y:10 K:0	石青 - 镇静
C:100 M:80 Y:0 K:0	群青 - 正直
C:49 M:59 Y:4 K:0	虹膜色 - 潮流
C:65 M:100 Y:20 K:10	香水草 - 魄力
C:31 M:31 Y:8 K:2	欧薄荷 - 惆怅
C:60 M:75 Y:0 K:0	紫藤 - 睿智
C:4 M:30 Y:0 K:20	古代紫 - 依靠
C:25 M:5 Y:25 K:60	青灰 - 规则
C:2 M:2 Y:6 K:0	贝色 - 纯净
C:95 M:50 Y:90 K:90	濡雨色 - 高尚

色彩的
三属性

色彩的三属性是指色彩具有的色相、纯度、明度三种属性。三属性是界定色彩感官识别的基础，灵活应用三属性变化是色彩设计的基础。人类在认识色彩的时候，首先识别的是色相，其次是明度和纯度。把握好色彩的应用，使配色的效果能够明确地传达给对方，并让页面产生一种和谐的美感。

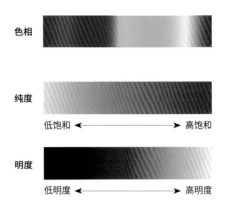

色相

纯度
低饱和 ◄──────────► 高饱和

明度
低明度 ◄──────────► 高明度

色相 (Hue)

色相指颜色所呈现出来的质地面貌，是区别各种不同色彩的标准。色相的明度和纯度最高，不添加黑、白、灰。在自然界中，各个不同的色相是无限丰富的，如紫红、黄绿、橙黄、蓝紫等。

图为十色色相环

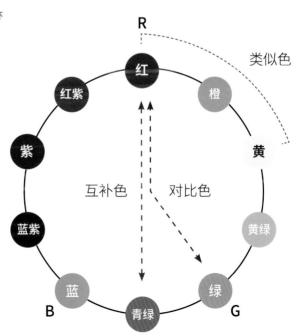

Tips

互补色
在色相环上，处于直径位置的两色为互补色。例如：红色和青绿色、绿色和品红等。

对比色
大体处于相反方向的色相称为对比色。例如：红色和绿色、黄色和紫色等。

类似色
彼此邻近的色彩称为类似色，例如橙色和黄色。

纯度 (Saturation)

纯度是指色彩的鲜艳程度，也是色彩的饱和度。如果一种色彩加以黑、白、灰来调和，它的饱和度就会下降，并不再鲜艳。在实际配色设计中，通过调整纯度可以使相同的色相形成不同的印象。一般来说，色彩的纯度越高，越容易形成强劲有力、朝气蓬勃的印象。而纯度越低，越容易形成成熟稳重的印象。

低纯色 ←————————————→ 高纯色

纯度：同样的颜色，左边蓝色杂质较多，纯度低。相反右边无杂质纯度高。

明度 (Value)

指色彩的明暗程度。明度的高低，要看其接近白色或灰色的程度而定。越接近白色，明度越高；越接近灰色或黑色，其明度越低。如红色有明亮的红或深暗的红，蓝色有浅蓝或深蓝；无彩色明度的最高与最低，分别是白色与黑色。

低明度 ←————————————→ 高明度

明度：同样的颜色，亮一些的明度高，暗一些的明度低，形成强烈的对比。

选择
合适的色彩

不同的色彩变化能产生不同的情感，我们不能单纯按照个人的喜好来配色，而是要根据设计项目的主题和受众群体等方面去考虑。比如产品是面对女性消费群体，那么可以根据年龄层进行配色，搭配出合适的主题格调。

女性用品的配色

关于女性用品的配色，按年龄层来区分可以分为年轻和成熟的女性。如果是针对年轻女性的产品，可以选择高饱和度和纯度的颜色，如粉色；而成熟女性的产品则适宜选择较低明度的色彩搭配，如大红和中性色搭配，体现出高贵感。

年轻女性的配色

成熟女性的配色

餐饮的配色

餐饮经常会使用到红色色相的同类色或邻近色进行配色。这两种色彩具有刺激食欲的效果，它们不仅能给人以温馨感，还能提高进餐者的食欲感。

设计师：Marina Utrabo

色彩的联想

配色不仅能够让人联想到季节、情感的印象，还能让人联想到某些个体或者某些国家色彩文化。例如看到中国结的红，就会联想到中国，代表着传统和喜庆感。所以配色在消费者心中能起到联想的作用。

不同国家所体现的色彩文化都不同。各民族对于各种颜色的认识大致相同，但是由于地域环境、历史原因、生活方式、民俗习惯及宗教信仰的不同，在各民族间就产生了不同的文化色彩和感情色彩，使同一色彩象征和代表都有着不同的意义。

中国

红：中国结的颜色；黄：中国皇帝必用的颜色之一；绿：中国的竹子；墨：书法水墨画。

C:11 M:39 Y:100 K:2
C:0 M:100 Y:100 K:10
C:20 M:100 Y:100 K:5

日本

日本传统色基本上是多色相多色调，一般为高明度和中低纯度（高纯度很少）。其纯度一般低于中式风格的配色。

C:0 M:20 Y:0 K:0
C:4 M:5 Y:46 K:0
C:8 M:11 Y:18 K:0

英国

明快而对比强烈的色彩搭配。色彩狂放艳丽，使画面拥有强烈的视觉效果，这也是我们一直想大胆尝试的配色方式。

C:100 M:86 Y:0 K:0
C:13 M:100 Y:100 K:0
C:0 M:17 Y:85 K:0

同理，在一个色系中，也能产生不同的心理感受。例如在红色系中，可以划分为大红、深红、粉红三种色彩，这三种色彩又能产生不同的感观。

喜庆感

喜庆会让人联想到中国红或黄金色的传统色彩。

左图设计师：MU-CHANG WU

年轻感

如果想体现年轻感，一般选用高明度、高纯度的色彩来搭配。

左图来源：51mockup.com

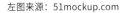

高贵感

深红色具有高贵和优雅感，一般偏成熟的消费群产品或主打高贵的产品会使用到。

左图来源：51mockup.com

02
配色的主要作用

色彩作为版面的设计要素之一，其视觉传递的作用在创意中往往得到加强。合理运用色彩可以达到很好的宣传效果，从而带动消费。在版式设计中，可以根据消费群体和产品属性来进行配色。

提高
版面率

当画面空洞或单调时，且在没有其他素材添加的情况下，增大上色面积是一种花最少的时间来提高版面率的方式，以增加画面丰富性。

Tips

大面积使用颜色能填充画面，能够强调设计，增强画面的视觉冲击效果。

聚焦区分

突出和区分信息的方式有很多，添加色块是一种不错的方法。一个色块承载着一种信息，使该色块的内容与其他元素区分开，纯色与背景之间的颜色对比，形成聚焦、突出主题的作用。

Tips

在想要引人注目的地方使用面积色彩，能起到聚集视线的作用，给人留下深刻的印象。

提升层次感

合理地添加色彩，能大大提高画面的设计感和层次感，使整体的精致度有所提升。虽说添加色块能提升画面层次感，但是不能因为改变而忽略了主体，而且要注意色彩组合在设计中的运用。

图片与色块的组合，在视觉上形成二维空间的层次感。图片以四边出血展示，再通过添加色块加以区分，突出信息，也给画面带来层次感。放大标题，增大文字用色面积。

图片以不规则形式展示，添加色块形状，叠加于图片上。只要运用一些色块，就可以让视觉效果发生变化。

平衡画面

色彩有"轻"和"重"、"扩张"和"收缩"等视觉效果，因此不同的配色，版面的视觉效果也会有所改变。例如纯度不高的颜色给人稳重感，相反纯度高的颜色给人轻盈感。所以在处理配色的时候，应考虑色彩带给版面的平衡感。

从两图对比可以看出色彩给人带来的不同感觉。从颜色的轻重感来分析的话，左边比右边更显"重"，所以第一张图给人一种"重口味"的感觉，而第二张却给人一种美味感。

当不同纯度的色彩所处的位置及所占比例不同时，反映出来的视觉效果和心理感受也不同。左图是一个稳定平衡的状态，而右图则有一种被压制的感觉。

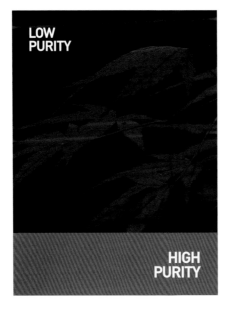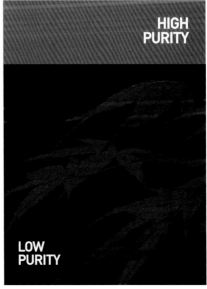

左图画面给人一种压抑感，而右图则给人上升感。你甚至会发现左图是凹进去的视觉效果，右图是凸起来的效果。所以色彩渐变的方向除了给人不同的感受之外，还会有不一样的视觉效果。

引导视线

色块除了有突出、区分的作用，还有信息间引导的作用。它可以为相关元素提供一种视觉顺序的功能，能够吸引读者注意和引导阅读视线，同时还能使版面形式与内容形成统一感。

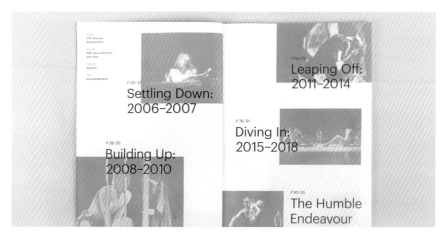

设计师：Qu'est-ce Que C'est Design Singapore

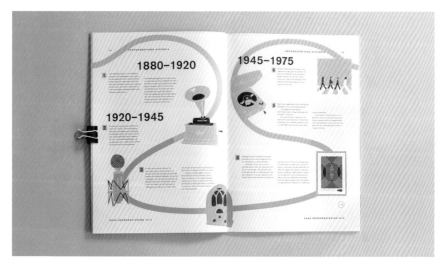

Skap Annual Report 2018 年报设计，设计师：Katarina Fegraeus

03
如何进行配色

如果色彩处理得好，可以为设计锦上添花，达到事半功倍的效果。色彩具有感情，能让人产生联想。我们在这方面不仅要重视色彩感情在设计中起到的效果，还要注意色彩组合在设计中的运用。

同类色配色

指在同一色相中混入白色或黑色而得出的色彩。同类色在配色上显得十分安全，也不容易出差错，往往给版面一种和谐感。但是同类色不等于类似色，这一点要加以注意。

低 ◄── 明度 ──► 高

因为是相同色相不同明度的组合，所以会带来协调统一的感觉。

设计师：Happycentro Design Studio

Tips

如果在配色上拿不定主意的的话，不妨在同类色的基础上进行调和。对于初学者来说，同类色的搭配简单易懂。

设计师：Paul Fox

类似色配色

指色相环上一个颜色与其左右两边的颜色构成的配色。如橙色、黄色和黄绿色。这种配色比较常见，相比同类色相的搭配而稍显丰富。能柔和过渡的色相，使版式看起来和谐统一，营造出一种比较舒服的视觉感受。

橙色	黄色	黄绿色

由于色相差较小，搭配起来非常方便，效果也极为和谐。

设计师：Hugo Aranha

设计师：Gabija Platūkytė

对比色配色

指由色相环上位置相距较远（色相环中位于 120°～ 180°角内的颜色）的对比色相而成的配色。如：红与绿、蓝与橙、黄与紫互为对比色。对比配色需要精准地控制色彩数量和所占比例，这种配色会带动页面气氛，产生强烈的心理感受。

红色	绿色
橙色	蓝色
黄色	紫色

如果觉得对比色搭配起来很刺眼，只要将它们隔离，你就不会觉得刺眼。另外可以加入黑、白、灰，同样可以使画面得到柔化。

设计师：Ilya Kirilenko

设计师：Zanas Karenauskas

间隔色配色

只要不是相邻两色，也不是对比两色，把剩下的色彩进行组合都可称为间隔色相的搭配。
以红、橙、黄、绿、蓝、紫、品红为准的话，那么红和黄、橙和绿、黄和蓝等都是间隔色。
这种配色效果明显，是广泛有节奏的组合，可以营造强烈的视觉冲击。

红色	黄色
橙色	绿色
黄色	蓝色
绿色	紫色

设计师：Hiu Fu

国际学校艺术创造力活动，设计师：Would Design

无彩色配色

通常利用大面积的无彩色作为主色，或者将图片调成黑白状态，再添加某些色彩进行对比。合理地运用无彩色，可以收紧设计画面，营造时尚的氛围和稳重的印象。但同时也应注意避免画面陷入单调、乏味的印象中。

TVBS Artist Agency 艺人事务所，设计师：Lin Chen

Tips

在配色中，如果两色发生冲突时，可以采用无彩色进行调和。

设计师：Anthony Dart

渐变色配色

渐变色在实际设计中较为简单实用，可以高效率地提高设计的格调。其视觉冲击的特点，能够牢牢抓住用户眼球。渐变可以是不同方向角度的渐变，如线性渐变、纵向渐变或对角渐变等。甚至可以是多色的渐变，一般情况都会使用双色渐变。而渐变的方式主要是直接渐变和图片渐变两种。

Tips

直接渐变

选择合适的渐变配色直接运用到背景中，与主体形成较强的空间感，增加背景的丰富度。

设计师：Tim Murphyv

在图片上叠加渐变配色已经流行了相当长的一段时间。从图片上的单色叠加，到渐变色的叠加，是一个相当自然的过程。图片加入渐变色叠加后，可以让设计感更强，从而吸引用户的注意力，这种设计对大图的作用尤其明显。

Tips

图片渐变

使用过程中要注意对图片的挑选，图片的主色调和渐变配色需要保持一致。一般做法是先将图片进行"黑白"去色，再调整渐变图层。这样做出来的效果会更柔和。

同色调配色

色调是色彩明度和纯度的综合表现。运用同色调配色是指用色调相同、色相不同的色彩来进行搭配，即使色相不同也不会有不协调感。例如低明度、低纯度的暗色调和高明度、高纯度的淡色调，这些色调都能为画面带来和谐统一感。

暗色调

淡色调

设计师：Firmalt Agency

设计师：David Espinosa IDS

配色的步骤

在设计过程中，如果能采取有效的配色方案，简直是设计的点睛之笔。下面为大家简单介绍一种快速的配色技巧，是平时设计中运用得较为广泛的方式之一。

① 配色前

上图是一张足球海报，版面中的各元素已经编排好，但是还没有建立配色方案。整体需要体现一种强烈的视觉效果。

② 吸取颜色

最快的选色方法是从图像上吸色。先找到图像的主色调，主色调的选择依据是选用整个图像中分布最广的一种颜色。

③ 增加色彩丰富感

通过上一步的配色步骤，再进行画面的颜色加工。这里选用了黄色和蓝色的间隔渐变搭配，作为背景使用。标题使用蓝色，令整体视觉效果更有活力。

④ 尝试其他配色

还可以使用无彩色作为背景色，再添加黄色和蓝色作为主色，起到聚焦、突显的作用，形成强烈的视觉效果。

THOSE
LAYOUT
PROBLEMS

色彩篇

不宜使用
过多的色彩

如果一个版面使用过多的色彩，会造成版面信息混乱，失去重点。如果非要使用多种颜色，可以利用相同色相不同的纯度或明度进行配色。即便是不同的颜色，在色相相同的情况下，也能带来统一的视觉感。

Before

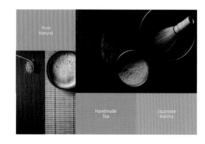

After

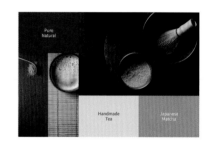

避免
使用多色渐变

当各种各样的色彩放在一起的时候，已经开始打破配色的规则。这样并不令人觉得炫酷，反而会破坏视觉效果。

Before

After

Before

 After

少用
太亮的霓虹色

闪亮的霓虹色看起来很有
趣，似乎能让页面显得非常
时尚、流行。但是它们并不
会让眼睛觉得舒服，还会产
生一种"闪瞎眼"的不适感。
如果想解决这个问题，你可
以尝试降低霓虹色的亮度，
让它看起来更暗，这样与屏
幕显示更匹配。

 Before

 After

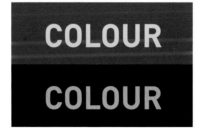

高饱和度配色时
避免产生晕影

在使用高饱和度配色时，很
容易会产生一种"晕影"的
现象。导致主体信息看不
清，还会产生刺眼的感觉。如
果非要进行这样的搭配，可
以将其中增加一个颜色的明
暗度，这样就能避免晕影的
效果。

第五章

版式设计的网格应用

01
版心的设置

在进行设计之前,首先要设定版心范围。不同的版心尺寸会影响版面的效果。设置版心的前提,是要先弄清楚设计项目的主题及其信息内容,再确定图文数量和信息层级关系,这样才能设置出实用的版心。

版心的
基础知识

① 版心是什么

版心是指版面上除去周围白边(边距)后剩下以文字和图片为主要信息的区域。各类稿件的编排布局都在版心范围内进行,最终在版心的面积上形成整体,所以版心也就是排版的范围。

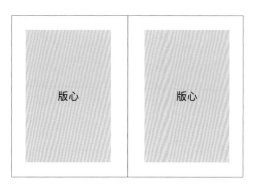

② 版心的作用

版心的作用之一是能让信息内容在安全的区域范围内进行设计。其二,可让画面看起来更舒适,更符合读者阅读。四周留有适当的页边距,这样既能保持一定的比例关系,又能取得引人入胜的效果和营造透气的留白感。版心的大小又称为版心率,版心的大小一般都会影响设计作品的整体效果。

版心率高 → 留白低　　版心率低 → 留白高

版心率高,容纳的信息量较多,但是整体显得拥挤;版心率低,容纳的信息量较少,四周留出的白边较多,因而整体会显得舒适和轻松。

版心的
设定

① 版心的类型

版心有对称式与非对称式两种类型，因而形成了网格中的对称式网格与非对称式网格。其在版式设计中起着约束版面结构的作用，但在约束的同时又能体现出版面的协调性。

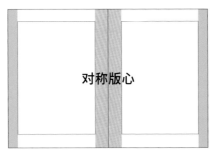

以订口为轴心水平镜像的对页，改变上下左右的边距，会让版面更具动感与变化性。

非对称版心的切口边距与订口边距的距离不一样，使其产生不等宽的效果。

② 设定合适的版心

版心的大小并没有固定的标准，应根据版面的尺寸和信息内容进行设定。在设计书籍时，我一般会按以下比例进行设定，这样的版心更舒适，留白感更强烈。

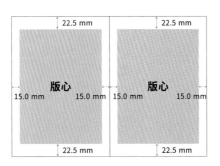

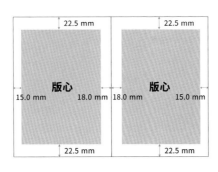

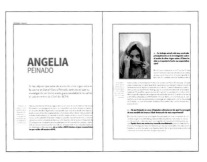

Tips

对于多页面的设计，内边距应该设置得较宽一些，以免装订时版心陷入订口中。同时注意版心设置不要太接近纸张边缘，这样有可能会导致有些内容在印刷制作过程中会被裁切掉（另外注意纸张一般需要预留3 mm出血位）。

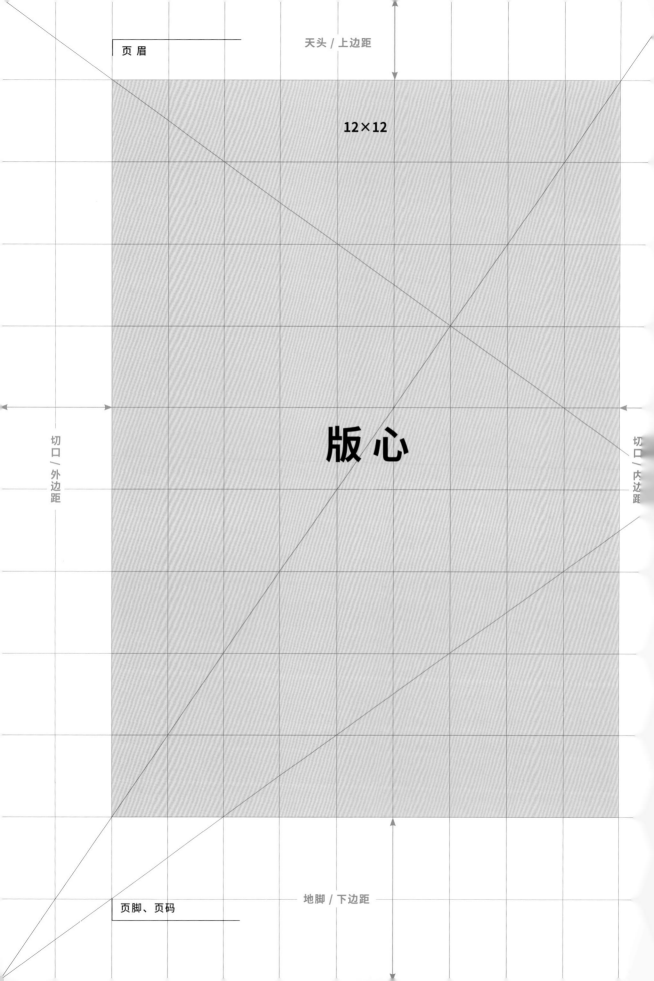

页眉

天头 / 上边距

12×12

切口 / 外边距

切口 / 内边距

版 心

地脚 / 下边距

页脚、页码

天头／上边距

12×12

切口／外边距

切口／订口距

版 心

此版面是通过维拉尔系统绘制出的 12×12 网格的版心区域。

版心可以通过维拉尔系统绘制六等分、九等分、十二等分（6×6，9×9
和 12×12）的网格系统进行设定，网格中的每一个小单元网格都与版心
区域成等比例关系，所以它们相互之间都显得格外协调。这可以让设计师
在排版时不用猜测摸索，仍然能做出赏心悦目的作品。

**但是这种绘制方法在大部分的平面设计中并不能通用，如想设置更合适的
版心，应根据不同情况处理。**

地脚／下边距

THE BASIC KNOWLEDGE OF BOOKS

书籍的基本知识

什么是书籍装帧

书籍装帧是书籍生产过程中的装潢设计工作，又称书籍艺术，是书籍的整体设计。书籍装帧是在书籍生产过程中将材料和工艺、思想和艺术、外观和内容、局部和整体等组成和谐、美观的整体艺术。一般包括选择纸张、封面材料，确定开本、字体、字号，设计版式，决定装订方法以及印刷和制作方法等。它包括的内容很多，其中封面、扉页和插图设计是其中的三大主体设计要素。

在中国古代书籍中并没有"装帧"一词，而是装订，即艺术设计和工艺制作的总称。清代藏书家孙庆增在《藏书纪要》中论述了装订艺术："装订书籍，不在华美饰观，而应护帙有道、款式古雅、厚薄得宜、精致端正、方为第一。"即书籍装帧的原则是保护书籍完好，使阅读功能和审美要求能统一起来，而不是单纯的装饰华丽。这一原则对于现代的书籍装帧仍然有着现实意义。

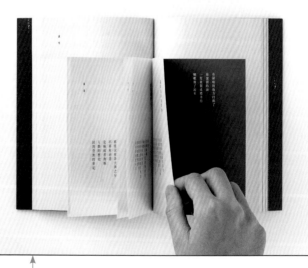

《我的强迫症》 设计师：Chia-Lin Wu

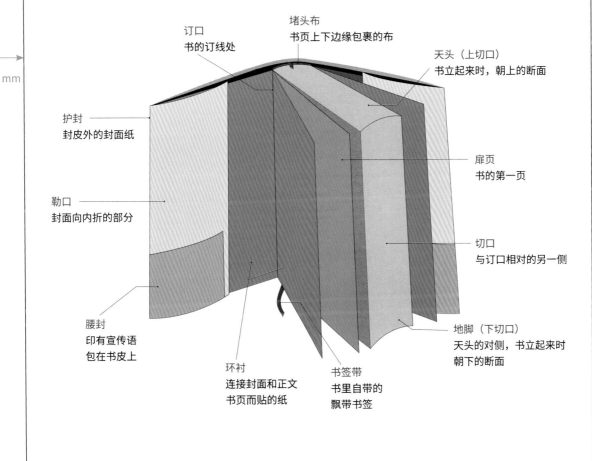

订口
书的订线处

堵头布
书页上下边缘包裹的布

天头（上切口）
书立起来时，朝上的断面

护封
封皮外的封面纸

扉页
书的第一页

勒口
封面向内折的部分

切口
与订口相对的另一侧

腰封
印有宣传语
包在书皮上

地脚（下切口）
天头的对侧，书立起来时
朝下的断面

环衬
连接封面和正文
书页而贴的纸

书签带
书里自带的
飘带书签

02
网格类型及设定方法

网格是对页面布局的规划，它是支撑整个版面内容的载体。建立网格之前需要对设计内容进行分析，再设置合适的版心，然后划分合理的网格类型。

网格的
基础知识

① 网格是什么

网格是在版心范围内均匀设置的水平和垂直的格状物，在版面上按照预先确定好的网格为视觉元素确定位置，从而使版面具有一定的节奏变化，并统一版式。网格运用不好的话，就会给版面带来呆板的负面影响。

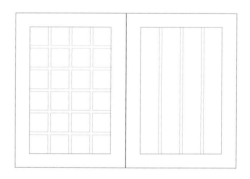

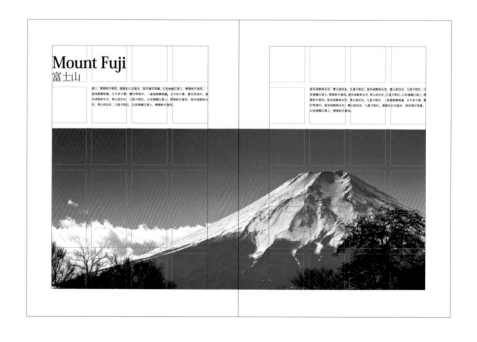

Mount Fuji
富士山

② 网格的好处

使用网格能使版面具有比例感和秩序感，能合理地进行信息区域划分，调整视觉元素之间的变化。特别在设计信息量大的项目时，比如杂志、图书、报纸等，甚至网页的设计也会运用到网格。但是，如果所有的页面都按固定的网格编排，未能打破原有的网格常规，就会使版面显得单调乏味。这时候需要思考如何打破单调的网格，变化出不同的版面样式。

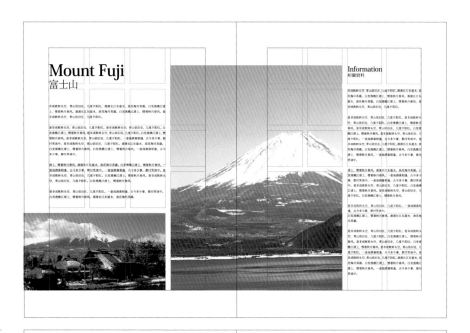

即使采用相同的网格，也可以变化出不同的版式。元素不一定要放在一个网格里，这样就能避免出现呆板的版面效果。

网格类型一：
分栏网格

① **什么是分栏网格**

学会设置版心之后，就要选择合适的网格类型。在版式设计中，网格主要表现为分栏与分块两种类型。分栏网格是由一定数量的纵向栏组成，用以放置文字和图形等视觉元素。有时候我们可以设置较窄的分栏网格，以增加页面布局和设计的灵活性。

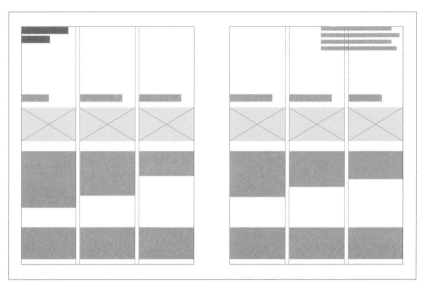

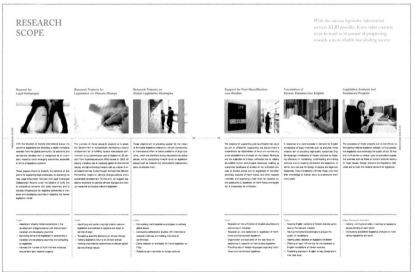

以上版面使用三栏式网格，左右两页的结构完全对称。为了能清晰表达信息，将信息分别放置于每一栏中。但是并没有将所有网格都填满，而是预留了足够的空白。

② 单栏网格

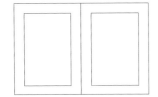

在单栏网格版式中，版式简洁明了。但是如果反复使用，会导致文字的编排过于单调，容易使人产生阅读疲劳的视觉感。单栏网格一般用于文字性书籍，如文学类和教学类等书籍。

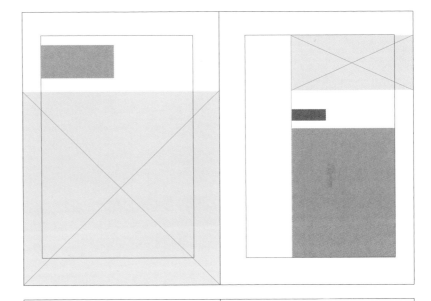

Tips

使用单栏编排的时候，不一定要把版心铺得满满的。留出适当的空白栏，为本来单调不透气的单栏留白。

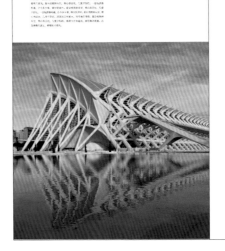

图中虽然使用了单栏网格，但是栏宽并没有占满页面，而是留出空白栏，使其形成空间感。图文之间的留白编排，缓解了画面的枯燥感。

③ 双栏网格

（均等两栏网格）

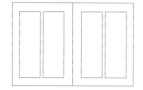

双栏网格比单栏网格的灵活性更强，更容易增强版面的变化，用来控制较多文本或在分隔栏目时能提供更多的变化。两栏的宽度既可以均等，也可以不均等，让画面看起来更显变化感和灵活性。

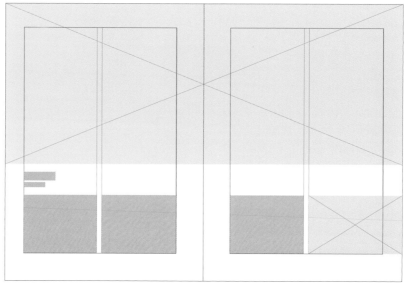

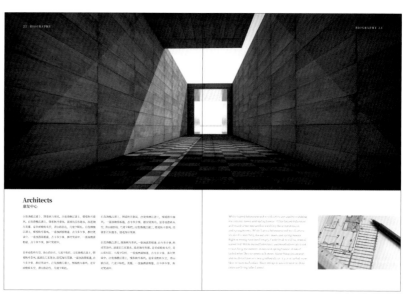

上图使用了均等两栏网格的编排方式，但是通过图片的出血和跨页的形式，大大地提高了整体的图版率。即便文字信息不多，也能使版面丰富饱满。

（不均等两栏网格）

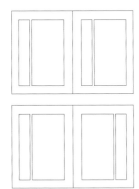

不均等两栏网格的栏宽不相同，优势在于能更加灵活地改变版面设计。较宽的一列为连续性的文本设计，向读者传达一个连贯的文字内容。而窄小的一列可以容纳一些图片说明、图像或表格等素材。这种网格类型编排能变化出不同的版面效果。

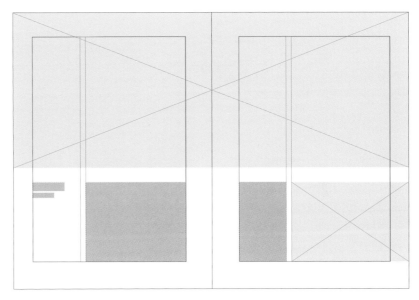

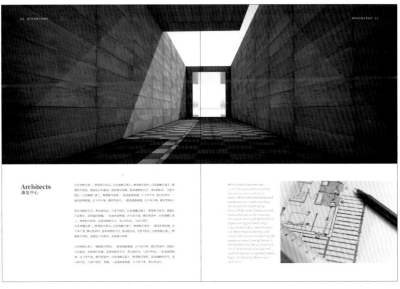

即便是同一内容的编排，运用不同的网格类型就有不同的版面效果。上图运用了不均等两栏网格，可以看到使用了较窄的那一栏作为空白栏，明显提高了画面的留白效果。

④ 多栏网格

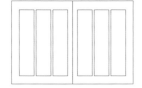

多栏网格为三栏及三栏以上的网格，层次结构复杂，可以灵活地整合文字和插图等视觉元素。文字、图像可以占据单一的栏，也可以跨越好几栏，并不需要把所有的空间都填得满满的，甚至可以根据实际内容增加或减少栏数。多栏网格一般适用于书籍、杂志、报纸、多信息编排以及其他创意性的设计。

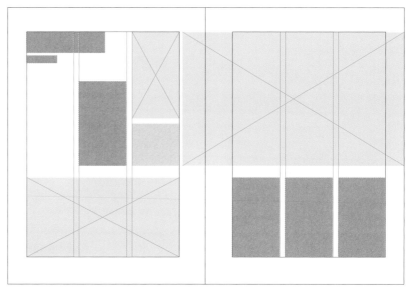

上图使用了三栏的编排方式，但是通过图片的单边出血和跨页形式，加上文字间的字重处理，大大地提高了整体的图版率。即便文字信息不多，也能使版面丰富饱满。

左图为报纸类内容的编排，由于文字和图片数量较多，版面分为六栏，甚至可以根据内容再细分更多的栏数。再对文字字重的变化和颜色合理地进行处理。即使版面全是文字和多张图片，也可以通过图文之间的间隔形成留白效果，使版面带有空间感和平衡感。

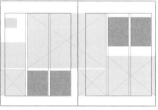

该版面使用了三列网格，画面中的图片数量较多，文字信息较少。为了避免画面的单调性，通过网格的作用，利用图片的跨页形式和图文之间的张弛度，使版面规整而不呆板。

⑤ 复合网格

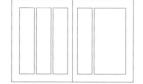

复合网格为两种以上网格的综合使用，从而拥有较为灵活的网格系统。平时使用的两栏和三栏网格，较容易产生严谨、单调的视觉感受。如果将这些简单的分栏再局部进行细分或合并使用，画面的层次感就更加明显。

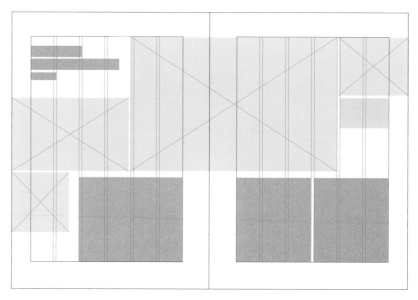

例如将两栏变为四栏、八栏，三栏变为六栏或者九栏等，逐步细化栏数，大大提高了版面的内容承载量，为编排内容的容量及多样性奠定了扎实的基础。

上图使用了六栏的编排方式，但是通过图片的出血和跨页处理后，将原来的六栏转变为多种网格形式，左边文字内容占据了四栏，右边文字将六栏转变为两栏，大大提高画面的节奏感。

下图运用了分栏和分块两种类型网格，版面划分十栏（10×4 单元格）网格，利用了复合网格灵活变化的优势，打破原有网格的单调性。除了网格的运用，还要考虑字体的选择（英文：DINCond-Black；中文：思源黑体）以及字重的变化。这样才能提升元素之间的变化感，增加画面的节奏性。

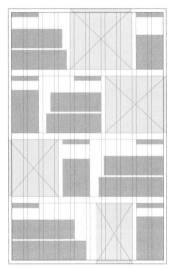

迪拜

BURJ DUBAI

迪拜塔
BURJ DUBAI
—

平面有点像一朵三叶花瓣，中间为六边形、六边形的边上也用隔出数心筋构，形成一种扶壁结构。在这一高度下，你必须考虑到方方面面的影响，稍一疏忽，可能带来灾难性后果。所以，设计人员要对整个工程层开细致入微的计算，不能放过任何一个细节，以达到完美的设计标准。巴尔蒙建认为，除了中苏，别的地方的人恐怕无力进行这种尝试，因为这样的工程完全用是金钱堆出来的。至于这种行为是否划算，没有人知道。迪拜塔用全新的施工技术，细微之处不可思议。

布鲁内莱斯基穹顶
DOME SPACE
—

意大利佛罗伦萨

DOME SPACE

意大利佛罗伦萨教堂穹顶建于 1420 年至1436 年间，跨度超过 140 英尺（约合 43米），设计独特，没有任何支承拱架。知名建筑师和工程师菲利波·布鲁内莱斯基（Filippo Brunelleschi）表示，他不需要内部脚手架就能完成穹顶建造，凭借这一点赢得了这个工程。在那个时代，这种不用脚手架的施工技术令人难以置信。他发明了一个全新的方法，让重量分布于穹顶周围，这样就不会坍塌。布鲁内莱斯基还让人将石块和链条接在一起，制成拉力环，采用人字形砖造结构保证穹顶不会裂开。他相信，只要设计合理，足以承受整个穹顶结构的重量。布鲁内莱斯基的理论确实在实践中得到了检验。

圣索菲亚大教堂
HAGIA SOPHIA
—

土耳其伊斯坦布尔

HAGIA SOPHIA

位于土耳其伊斯坦布尔的圣索菲亚大教堂改变了建筑历史，改变了人们看待空间的方式。在塞维利亚大教堂 1520 年建成以前，圣索菲亚大教堂把持续世界上最大教堂的头衔达 1000 年之久。同时还发明了间接承重转移的概念。圣索菲亚大教堂的设计者提出了一个大胆的创新概念，即穹顶不必直接与地面相连。相反，穹顶是扇贝的形状可以将重量分散到各处。这是建筑发展史上一个具有里程碑意义的作品，创新程度超乎我们的想象。它仅是个概念而非计算结果，因为他们不知道所有的理论和计算公式。

法国南部塔恩河
COLOSSEUM
—

米约高架桥

MILLAU VIADUCT

建造一座横跨法国南部塔恩河谷之上的斜拉索式大桥，本身就需要大胆的创想。米约高架桥最高的桥塔有 800 英尺（约合 244 米），比大多数建筑物都高。除此之外，斜拉索基 280 英尺（约合 85 米）。所以，从河谷谷底到桥塔顶部，高度达到1120 英尺（约合 340 米）。巴尔蒙建对建设方在制造埃菲尔铁塔部件的工厂生产桥面板的事实赞赏有加。因为他对埃菲尔铁塔的宏伟与居斯塔夫·埃菲尔的设计，其设计本身就是一个理念。这一切都需要巨大的勇气和胆魄精神。这个项目不仅事关计算——设计人员还承受着巨大的风险，要对自己充满信任。

网格类型二：
分块网格

① 什么是分块网格

分块型网格是在分栏的基础上建立横向的划分，目的是使版面变得更加灵活，图片和文字能够更加合理地进行排列。然而，分块网格的网格数量及大小应由版面主题及信息量来决定。有的版面以文字为主，配少量图片，有的版面以图片为主，配少量文字，这些区别都会造成版面效果的差异。

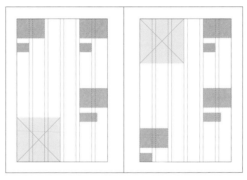

Tips

网格的大小并没有硬性的规定，设计师可根据实际情况设置合适的网格。但一定要遵守横竖划分的基本原则，且网格中要有足够的空间置入文本和图形等视觉元素。

上图为目录页的编排，版面使用了 6×6 的分块网格版式。即便信息遵循网格来编排，但通过文字间的大小对比和图片的色调处理，使版面设计打破常规。该设计没有将元素填满每个单元格，而是合理地留出空白。

② 如何建立分块网格

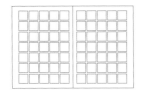

在版式设计中，分块网格也是经常使用的网格类型，在网页设计中也会使用到。那么分块网格如何建立呢？分块网格比分栏网格更加严谨，其特点就是运用数字的比例关系，通过严格的计算，把版心划分成统一尺寸的单元格。下面为大家简单讲解如何建立分块网格的方法。

a

内文字体
思源黑体

字号：8 点
行距：15 点

确定开本，先暂定版心尺寸；内外边距为固定数值，上下边距再根据之后的计算进行调整。

b

空行高度

量出文本空行的高度。其空行高度是为下一步创建横向网格做准备。

c

空行高度

根据量出的空行高度，创建横向网格线。空行高度等于每行单元格间的距离。

d

把文字占满其中一栏，确定所占行数和空行数。为下一步计算实际栏高做准备。

e

实际栏高

计算出实际的栏高，调整并确定最终的版心尺寸。公式：（每栏总行数－空行数）÷每栏单元格数 × 每栏单元格数＋空行数＝实际栏高。

GRID
SYSTEM
网格系统

空行：8 mm

20 mm

15 mm

31 mm

网格是在版心范围内设置均匀的水平和垂直的格状物，在版面上按照预先确定好的网格为视觉元素确定位置，从而使版面具有一定的节奏变化，并统一版式。如果网格运用不好的话，就会给版面带来呆板的负面影响。

使用网格能使版面具有比例感和秩序感，能合理地进行信息区域划分，调整视觉元素之间的变化。特别在设计信息量大的项目时，比如杂志、图书、报纸等，甚至网页的设计也会运用到网格。但是，如果所有的页面都按固定的网格编排，未能打破原有的网格常规，就会使版面显得单调乏味。这时候需要思

考如何打破单调的网格，变化出不同的版面样式。

学会设置版心之后，就要选择合适的网格类型。在版式设计中，网格主要表现为分栏与分块两种类型。分栏网格是由一定数量的纵向栏组成，用以放置文字和图形等视觉元素。有时候我们可以设置较窄的分栏网格，以增加页面布局和设计的灵活性。

分块型网格是在分栏的基础上建立横向的划分，目的是使版面变得更加灵活，图片和文字能够更加合理地进行排列。然而，分块网格的网格数量及大小应由版

当遇到多图或多字编排的时候，运用网格是一种快速整理信息的方法。例如报纸设计、杂志设计或海报设计等，都可以让版面中的信息内容清晰地呈现出来，使构成元素的编排位置更加精确。

15 mm

面主题及信息量来决定。有的版面以文字为主，配少量图片，有的版面以图片为主，配少量文字，这些区别都会造成版面效果的差异。

如何打破网格的单调性？你可以结合图片的表现形式，或者搭配色彩和其他元素作为修饰。尽量让画面的元素具有较强的对比性和节奏感，甚至还能利用留白效果，打造另一种透气感。网格可以加强版面凝聚力，使版面统一化、整体化，也可使版面内容更规整，使网格在版面中的运用更加灵活。

运用网格可以使设计条理清晰和规整统一。网格其实是隐藏的辅助线，这些辅助线可以帮助元素对齐，让版面看上去更加整洁和舒适，令设计者可以较为方便地组织文字信息和编排各种视觉元素。网格可以提高工作效率，帮助设计人员快速定位和放置元素，明确信息位置。特别是执行前的准备工作，例如画册编排需要提前画草稿图，通过稿图中的网格可以快速地确定版面的大致编排位置，并且可以使版面元素呈现出更为完善的整体效果，这样就节省了执行时间。

③ 分块网格的使用

• 整齐有序

网格的属性决定了它可以很好地保证视觉元素的对齐和规划，因此创建一套高效的网格系统可以快捷有效地使版面看起来更加整齐有序，布局合理。

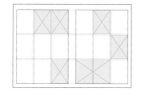

The Moldus，设计师：Viktoria Batt

• 视觉层级

分块网格可以有效地划分视觉层级，将不同的视觉层级区分开。视觉层级的错误划分会影响到用户的直接体验，尤其在网页设计中。如果没有清晰的结构，网站体验也会大打折扣。

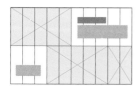

· 网页设计

在网页设计中，网格系统是十分常见的。下面是一个网格系统的实例，导航横跨了整个页面，横幅广告部分占据页面的一半。文字部分划分为三小段，各占据六栏网格。可以看出内容和内容之间留足了空间，阅读起来更舒适。

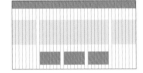

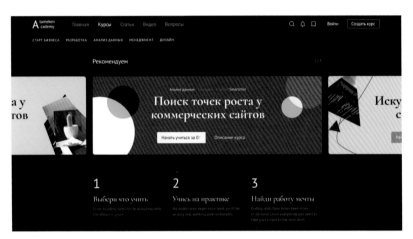

设计师：Aldiyar Aidash

· 方便构图

分块网格除了让信息编排得更加合理外，还可以进行构图划分。很多设计师或摄影师都喜欢用它建立构图。因为分块网格中每个单元格的尺寸都是一致的，因而可以快速帮助画面创建基本的构图比例，这样就能避免画面的不平衡。

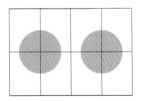

设计师：Mahima Mahajan

网格类型三：
基线网格

基线网格可以让多个段落根据基线对齐，尽管基线网格能覆盖整个页面，但却不能为主页指定网格，基线网格与 Word 中的网格线基本相似。基线网格在实际编排时通常是隐藏起来的，但它却是版式网格设计的基础。基线网格的作用是作为辅助工具精确创建和编辑对象，为版面的编排提供一种视觉参考和构架基准。

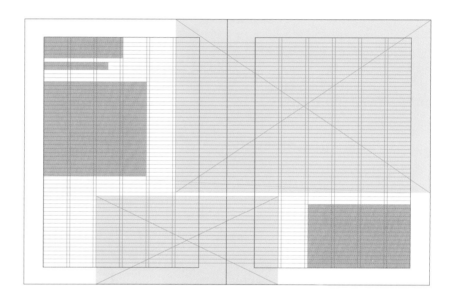

GALLOWAY
FOREST PARK
苏格兰加洛韦森林公园

一壶浊酒喜相逢，古今多少事，都付笑谈中。是非成败转头空，青山依旧在，几度夕阳红。白发渔樵江渚上，惯看秋月春风。滚滚长江东逝水，浪花淘尽英雄。是非成败转头空，青山依旧在，几度夕阳红。滚滚长江东逝水，浪花淘尽英雄。白发渔樵江渚上，惯看秋月春风。是非成败转头空，青山依旧在，几度夕阳红。一壶浊酒喜相逢，古今多少事，都付笑谈中。

滚滚长江东逝水，浪花淘尽英雄。白发渔樵江渚上，惯看秋月春风。白发渔樵江渚上，惯看秋月春风。是非成败转头空，青山依旧在，几度夕阳红。一壶浊酒喜相逢，古今多少事，都付笑谈中。白发渔樵江渚上，惯看秋月春风。一壶浊酒喜相逢，古今多少事，都付笑谈中。滚滚长江东逝水，浪花淘尽英雄。白发渔樵江渚上，惯看秋月春风。白发渔樵江渚上，惯看秋月春风。滚滚长江东逝水，浪花淘尽英雄。滚滚长江东逝水，浪花淘尽英雄。滚滚长江东逝水，浪花淘尽英雄。是非成败转头空，青山依旧在，几度夕阳红。滚滚长江东逝水，浪花淘尽英雄。白发渔樵江渚上，惯看秋月春风。是非成败转头空，青山依旧在，几度夕阳红。是非成败转头空，青山依旧在，几度夕阳红。

一壶浊酒喜相逢，古今多少事，都付笑谈中。一壶浊酒喜相逢，古今多少事，都付笑谈中。白发渔樵江渚上，惯看秋月春风。滚滚长江东逝水，浪花淘尽英雄。滚滚长江东逝水，浪花淘尽英雄。滚滚长江东逝水，浪花淘尽英雄。一壶浊酒喜相逢，古今多少事，都付笑谈中。是非成败转头空，青山依旧在，几度夕阳红。是非成败转头空，青山依旧在，几度夕阳红。白发渔樵江渚上，惯看秋月春风。

一壶浊酒喜相逢，古今多少事，都付笑谈中。一壶浊酒喜相逢，古今多少事，都付笑谈中。是非成败转头空，青山依旧在，几度夕阳红。一壶浊酒喜相逢，古今多少事，都付笑谈中。一壶浊酒喜相逢，古今多少事，都付笑谈中。

03
网格在版式中的运用

网格可以加强版面凝聚力，使版面统一化、整体化，也可使版面内容更规整，使网格在版面中的运用更加灵活。

信息区域划分

关于信息区域划分，其实跟信息间的层级关系有很大的关联。也就是根据信息归纳和分类，灵活地合并或拆分网格，从而形成合理的区域。当文本信息较多时，可以将版面划分成更多的栏数；当图像过多时，则划分合适的单元格。但是不要把每个网格都填得很满，适当留出空白，能让版面更透气和简洁。

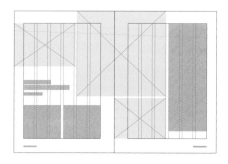

Tips

栏宽越窄，所容纳的字数越少。千万不能因为分栏而分栏，要注意信息之间的关联性。在设计时首先要确保信息能完整和顺利地传递给消费者。

ART CREATED BY NATURE
大自然所创造的艺术

辅助对齐

运用网格可以使设计条理清晰和规整统一。网格其实是隐藏的辅助线，而这些辅助线可以帮助元素对齐，让版面看上去更加整洁和舒适，令设计者可以较为方便地组织文字信息和编排各种视觉元素。

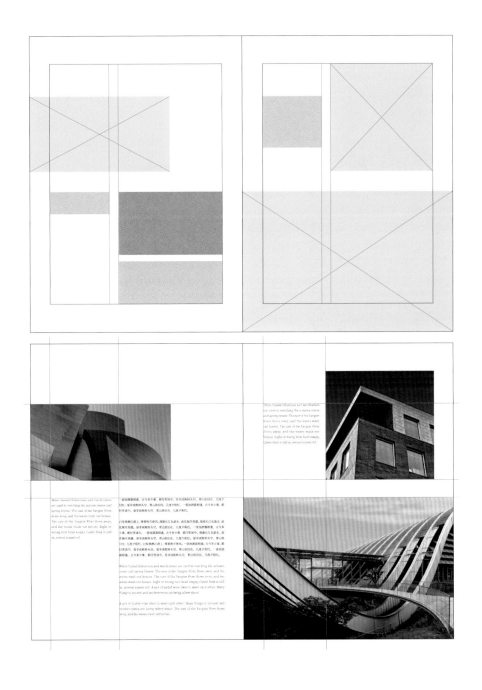

提高工作效率

网格可以帮助设计人员快速定位和放置元素，提高工作效率，明确信息位置。特别是在执行前的准备工作，例如画册编排需要提前画草稿图，通过稿图中的网格可以快速地确定版面的大致编排位置，并且可以使版面元素呈现出更为完善的整体效果，这样就节省了执行时间。

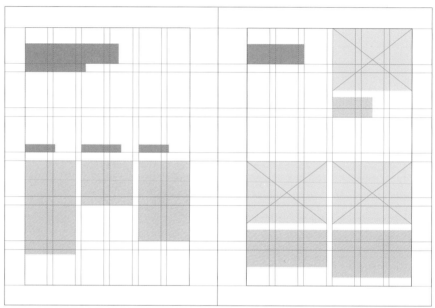

多信息编排

当遇到多图或多字编排的时候，运用网格是一种快速整理信息的方法。例如报纸设计、杂志设计或海报设计等，都可以让版面中的信息内容能清晰地呈现出来，使构成元素的编排位置更加精确。

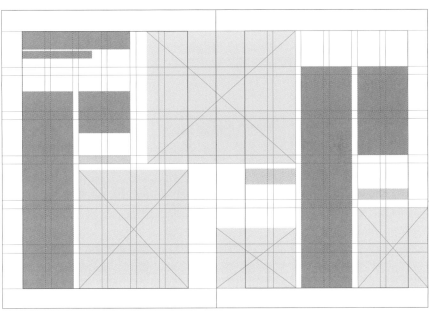

打造留白感

留白并不代表什么都没有，一个好的构图也能形成留白感。留白所创造出的冷静区域，能让作品有了呼吸透气的余地，而不是死气沉沉没有生机。留白还能实现许多功能，比如可以提升画面的质感。

① 改变栏宽

只要稍微控制栏宽，并留出空白栏，就能营造出大页面的感觉。这种方式既能缓解大篇幅文段的阅读给人带来的视觉疲劳，还能给版面带来透气和留白感。

Before

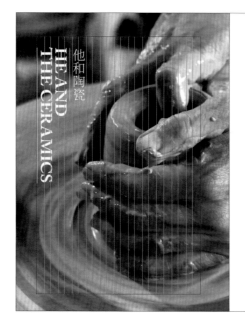

After

② 下移文本栏

下移文本栏的好处是营造透气的留白感。它不仅能让版面达到平衡简洁的画面效果，还能让单栏发挥出低调而简约的版面样式。下移文本栏可以是下移标题或是整段文本。注意所下移的位置不能过于空旷，不然会失去整体的平衡感。

Tips

留白的关键在于掌握画面的平衡感，即便是简单的点线面构图，也能创造出良好的留白效果。留白并不是以面积来衡量，而是指把控好留白的比例。

Before

After

③ 改变版心的尺寸

版心的大小一般都会影响到设计作品的整体效果。版心的大小又称为版心率，版心率高，容纳的信息较多，则整体显得拥挤；版心率低，容纳的信息较少，四周留出的白边较多，因而整体会显得舒适和轻松。所以可以通过改变版心大小来提高整体的留白感。

Before

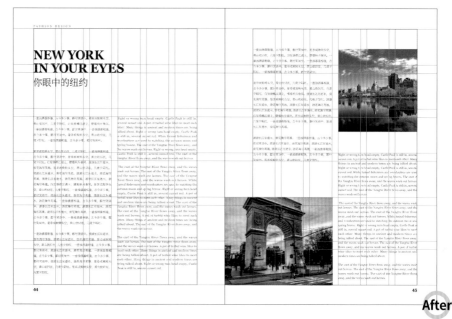

After

Tips

设计的平衡、美丑，以及给人的意向，留白占有重要作用。留白并没有局限于固定的颜色或状态。它以各种不同的形式存在，有时候是一段文字、一个角版图，甚至是文字间的间距。它属于一个负空间的存在，就如空气中的氧气。如果平时不去在意它，一旦失去它，便使人喘不过气。

04
如何打破网格单调性

如何打破网格的单调性？你可以结合图片的表现形式，或者搭配色彩和其他元素作为修饰。尽量让画面的元素具有较强的对比性和节奏感，甚至还能利用留白效果，打造另一种透气感。

通过图片形式

如果通过图片来打破网格单调性，可以尝试运用出血图或去底图的形式，甚至在图片上形成新的编排方式。出血图能极大限度地增加图版率，让画面更加饱满且具吸引力。而去底图可以营造留白感，提升层次感，让视觉效果更加强烈。

Before

After

插入引言或图形

如果版面是一大段文字，即便是精力充沛的读者，不停地阅读文段也会造成视觉疲劳。不妨插入引言或图形来打破僵局，增添视觉趣味性。如果没有其他图形素材可以嵌入，那就将重要的信息进行二次提取，转化为视觉元素，从而改变画面效果。

Before

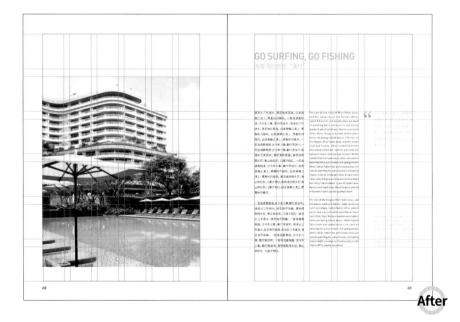

After

适当添加线条

从某种意义上来说，版式设计就是点线面的游戏。适当添加线条，不但可以让版面避免单调性，还能使画面更具有活力和时尚感，让你的设计增加形式美。线条既有功能性，又有审美性，千万不要为了加线条而给版面画蛇添足。

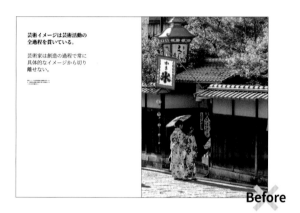

Before

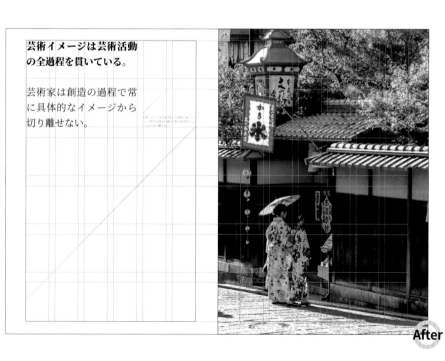

After

添加有效的色彩

添加色彩是有效解决很多设计问题的方法之一。例如当版面层次不够突出或视觉效果不够强烈时，添加有效的色彩可以提高版面率和层次感，其次添加色彩还可以突出层次和起到修饰的作用。

Before

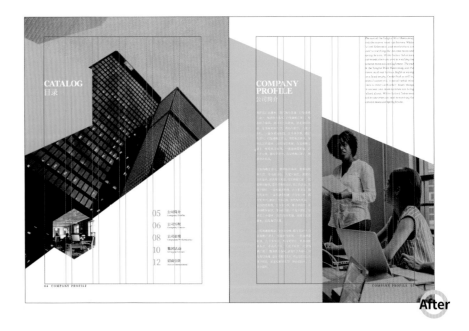

After

HOSE
AYOUT
PROBLEMS

网格篇

避免版心设置
太靠近纸张边缘

虽然版心大小可以任意设
置，但是如果版心设置得太
接近开本边缘，就有可能导
致阅读不流畅，甚至在印刷
裁切过程中内容被切掉。所
以至少要留出 5 mm 以上的
距离作为边距。

Before

After

网格并不是
随意设定的

别以为网格只是单纯画出格
子就行的，网格的设定都是
根据严谨的数据来计算的。
特别对于分块网格的设定，
数据出现错误，整个网格系
统就无法使用。

Before

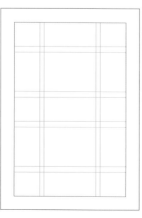

After

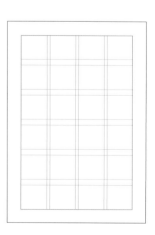

Before

Before

After

不要总是把
每个空位都填满

网格是由一定数量的纵向或横向栏组成，用以放置文字和图形，但并不是每个空位都要放满元素。需要留点空间，才能让版面透气。

Before

After

注意内边距
留有足够的空白

如果设计一本比较厚的书籍版面，内边距没有留出足够空白的话，在装订的时候，版面的内容会被挡住。一般情况下，内边距会比外边距宽，目的是保证靠近内边距的信息能够清晰阅读，而不至于让内容被订口挡住。

栏距不能过于
紧密或宽松

栏距过于紧密或宽松会使读者不能流畅阅读。一般情况可以将栏距设定为 5～6.5 mm。另外，不同媒介也会有不同的情况，例如墙体海报设计，因尺寸的不同需要改变字号大小，因此设置的网格栏距也会比正常的大。

Before

After

栏宽不能
过窄或过宽

栏宽应根据情况进行调整，栏宽越宽，所容纳的信息量越多。但是会导致版面拥挤，留白感不够。其次应控制文字的长度，行宽太长，会产生阅读疲劳。对于大篇幅的文章也应避免使用过宽的单栏网格。同时也要避免文字放在较窄的栏里，一行文字的数量一般不能少于 12 个。

Before

After

Before

After

通过段落缩进打破网格单调性

通过段落缩进可以打造出文字区域的不同视觉感受,打破网格原有的单调感。特别是对于枯燥的单栏网格,这种方法可以提供一种视觉停顿,形成一种强烈的画面感。

Before

After

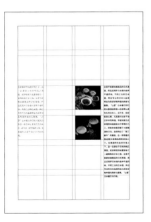

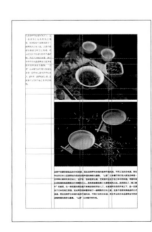

每个元素都可以跨越网格

无论是什么类型的网格,都可以作出不同变化的版面效果。但是一提到网格系统,很多设计者通常都会把设计要素都放置在一个栏里或一个单元格中,这样的画面容易缺乏变化感。其实可以跨越几个栏或几个单元格来进行编排,这样才能设计出不同变化的版面样式。

第六章

实战案例

01
海报篇

海报又名"招贴"或"宣传画"，属于户外广告。其分布在各街道、影剧院、展览会或商业区等公共场所，因此国外也称之为"瞬间"的街头艺术。招贴广告与其他广告相比，具有尺寸大、内容广泛、艺术感丰富、强烈的远视效果等特点。

海报种类

海报是一种信息传递的艺术，是现代广告中使用较频繁、较便利和较有效的传播手段之一。海报按其性质大致可以分为商业海报、公益海报、电影海报和文化海报四大类。

商业海报

指宣传商品或商业服务且具有商业广告性质的海报。以促销商品、满足消费者需求的内容为题材，如产品海报、餐饮海报、招商海报等。

公益海报

这类海报对社会具有积极的教育意义，主题包括各种社会公益和道德的宣传，或弘扬爱心奉献和共同进步的精神等。

电影海报

主要起到吸引观众注意、刺激电影票房收入和电影宣传的作用。其海报具有强烈的视觉效果，多以电影人物或场景作为海报主画面。

文化海报

指各类展览的宣传或各种社会文娱活动的海报。设计师需要了解展览主题和活动内容，再运用设计技巧表现出不同的设计形式和创意。

01

2016 诚品晒书市集海报设计
设计师：Yao Chung

02

2017 诚品 fun 声系列海报
设计师：Connie Huang

03

《影》电影海报
设计师：黄海

01　　　　　　　　　　　　02　　　　　　　　　　　　03

海报特点

现代海报都讲究视觉效果，那么怎样才能顺利地完成一张海报设计呢？首先要了解海报广告的特点，而它的特点主要表现为以下三个方面。

① 大尺寸的海报，易引起消费者的注意。

② 强远视觉的海报，可以让海报成为视觉焦点。

③ 高艺术性的海报，使广告达到良好的审美效果，给消费者留下深刻的视觉印象。

设计师：Hyun Dajung, Lee Hyojin, Kim Yura

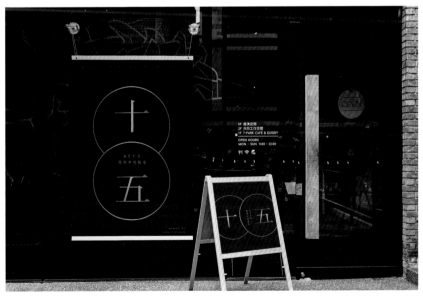

设计师：Miuyan Chow

海报
组成元素

海报的组成元素以图像、文字、色彩等组成。图像以简单而新奇的形式引起消费者的注意力，文字以简明而突出的方式触动消费者的心理，颜色以和谐统一的配色方案平衡整体的视觉效果。总之，海报以最基本、最有效的广告形式，让消费者快速获取宣传信息。

图像元素 ⟶ 插画　拍摄图　合成图

下图为纪录片《我在故宫修文物》的系列海报之一，海报主要以文物的纹理特写作为画面的背景图，再以特写突出工匠修复文物的动作，近距离展示了稀世珍宝的"复活"技术。

下图为电影《黄金时代》的美国版本海报，海报以插画元素表达。画面以特写突出钢笔，黄金笔锋里的剪影孤对傲梅，与乱世形成鲜明的对比。

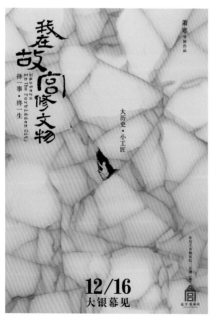

《我在故宫修文物》电影海报，设计师：黄海　　《黄金时代》美国版海报，设计师：黄海

文字元素　　⟶　　字库体　　设计体　　书法体

01
一或三周年庆海报设计
设计师：周妙妍

02
设计师：Wang Zhi-Hong

01 字库体：利用插画元素，提高画面设计感

02 设计体：重新设计过的字体，让画面独特性更强

03
设计师：周妙妍

04
设计师：周少龙

03 书法体：书法手写体能体现出一种深厚的文化感

04 设计体：字体与图形的结合，让画面更有趣

颜色元素 ⟶ 同类色　类似色　对比色　无彩色

同类色配色　　设计师：Anthony Dart

类似色配色　　设计师：Anthony Dart

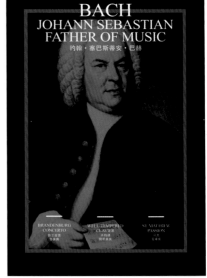

对比色配色　　设计师：Connie Huang

无彩色配色

海报
构图布局

摄影创作离不开构图，同样平面设计也需要构图。构图的主要作用是将视觉元素安排在合适的比例上，从而形成平衡的视觉感，因此构图在海报设计上起到重要的作用。海报的构图方式主要表现为四种：上下构图、左右构图、对角构图和中心构图。

上下构图：以插图作为参照物，形成图+文字的上下构图

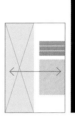

左右构图：以左侧人物作为参照物，形成图+文字的左右构图

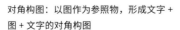

对角构图：以图作为参照物，形成文字+图+文字的对角构图

中心构图：图放在中心，重要信息放置版面的上下位置，形成强烈的中心视觉效果

海报
设计技巧

如何让图片
成为视觉焦点

Before

- 选择的字体（隶书）不合适，中英文不搭配，与展览海报的气质不符合；
- 画面没有突出主图，缺少主次关系；
- 字体与图片之间的变化单一，画面层次感不够明显。

项目名称：展览海报设计

设计要求：画面需要突出主图，以简约高格调的风格展现

设计尺寸：57.0 cm × 78.0 cm

投放载体：户外招贴

- 中文字体使用方正颜宋准简体，英文和阿拉伯数字使用 Georgia（注意字体的版权使用）；
- 将图片放大并放置于版面中央，其他信息围绕在图片四周，形成强烈的中心构图；
- 将标题放大，图片稍微叠压在文字上，增强版面的透气感和层次感，深化主题。

②
如何灵活
整理多张图片

Before

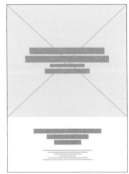

- 版面编排过于单调，缺少层次的变化感；
- 图片堆放一起，没有标出每张图的注释；
- 主标题的信息放在图片上，会降低阅读效率。

项目名称：旅游海报设计

设计要求：以简约的风格展现，突出主题内容

设计尺寸：57.0 cm × 78.0 cm

投放载体：室内招贴

- 版面使用 4×3 分块网格，图片和文字能快速地编排在合适的网格上；
- 图片和文字不一定只放在一个单元格中，可以合并多个网格编排，让版面的变化感更丰富；
- 控制好信息间的留白感，不需要把每个网格都填得满满的；
- 因为图片较多，所以需要注意将每张图的序号标清楚，以便区分每张图的注释说明。

③
如何让版面
具有视觉冲击力

Before

- 整体版面构图比较单调，单纯靠左对齐编排不足以增加版面的变化感；
- 缺少元素的设计感，导致画面没有强烈的视觉效果；
- 要留意文字颜色（红色）在蓝色背景中是否会产生晕影效果，尽量避免这种情况出现。

项目名称：分享会海报设计

设计要求：画面需要有设计感，并体现出强烈的视觉效果

设计尺寸：57.0 cm × 78.0 cm

投放载体：户外招贴

- 版面使用中心构图，上下位置放置英文标题，中心位置放置其他信息；
- 将英文"RUNNING DESIGNER"进行字体设计，增加画面的设计感；
- 中间部分以交叉的形式放置其他信息，居中对齐编排，让画面平衡而不失变化感。

④

如何快速
设定合适的版面构图

Before

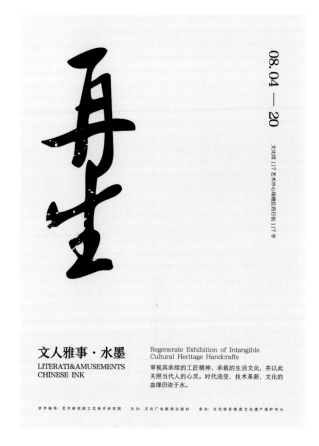

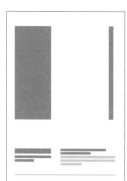

- 版面构图比较混乱，信息像是随意放置，这样会导致画面空洞，而影响平衡感；
- 标题"再生"的字体选择不合适，字型过于粗旷笨重，体现不出典雅感；
- 其他文字的字号和行距没有调整好，导致信息的层级不明显，降低阅读质量。

项目名称：展览海报设计

设计要求：根据提供的信息，以典雅的中国风呈现主题

设计尺寸：57.0 cm × 78.0 cm

投放载体：户外招贴

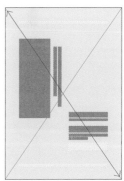

- 将标题放置在左上角，其他信息放置在右下角，形成典型的对角构图；
- 把"再生"换成细腻轻盈的字型，再添加材质处理，整体体现出典雅而具有中国风的效果；
- 右下角部分的文字需注意层级关系，字与字之间的距离不能过于紧密，把握阅读的透气感；
- 最后添加一个水墨的素材作为背景，调整合适的透明度，以增加画面的层次感。

⑤
如何让版面
精致高格调

Before

- 虽然画面信息编排得比较整齐，但是版心率高，显得画面过于拥挤；
- 画面给人一种上重下轻的感觉，右上角的时间编排得较为混乱，阅读起来较为吃力；
- 如果要体现高格调，需要留有适当的空白来突显画面质感，文字的编排细节也要到位。

项目名称：分享会海报设计
设计要求：以精致高格调的风格突出主题
设计尺寸：40.0 cm × 55.0 cm
投放载体：室内招贴

- 将信息重新编排，图片放置在上方，文字以复合对齐的方式放置于下部分，形成上下构图；
- 把标题缩小并以竖编排方式叠压在图片上，而时间信息以两端对齐方式编排，让画面更加规整；
- 如果版面不添加底色，会显得很单调。所以添加同类色的配色作为背景色，以提升画面的层次感。

⑥
如何让版面
有层次感

Before

• 选择的字体（隶书）不合适，与主题的气质不符合，而且这种字体不适用于大篇幅文段编排；
• 图片之间的编排缺少变化，而且使用方型图显得格外古板，整体的活跃感和张力不够；
• 版面出现空洞的问题，右上角部分的空白导致整体设计不平衡。

项目名称：餐饮海报设计
设计要求：以食物作为重点，营造"美味"的氛围，能够让消费者产生强烈的共鸣
设计尺寸：40.0 cm × 55.0 cm
投放载体：店面海报

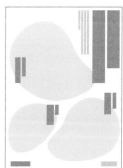

• 先将字体换成宋体，宋体具有较强的感情色彩，更适合表达出食物的美味；

• 图片形状可以选择圆形，让视觉效果更加柔和，而不会显得古板僵硬；

• 将图片以不同的尺寸编排，是区分信息层级的有效手段，也可以让版面显得更有节奏感和变化性。

02
画册篇

画册是指企业用来宣传自己的形象、文化、产品、服务以及其他相关宣传信息的广告媒介之一。一本精美的画册能够给客户留下深刻的印象，同时还能正确地传达宣传信息，进而提升品牌的知名度。

画册的
分类

画册的分类有很多种方式，如果按行业来划分可能有上百种不同的画册类型。一般按画册的内容性质分，主要分为五种类型：产品类、文化类、年报类、招商类、企业类。

产品类画册，设计师：Viktoria Batt

招商类画册，设计师：Hyojeong Lee

文化类画册，设计师：Ken Lo

年报类画册，设计师：Olga Lantsova

企业类画册，设计师：601BISANG

画册的
设计准则

一本画册设计是否成功，其定位非常重要。前提要做好与客户的沟通工作，包括风格定位、品牌文化、产品特点和市场分析，甚至细微到画册操作流程、装订工艺和客户建议等。然后再根据设计主题与内容需求，将视觉要素通过不同的表现形式和网格系统进行合理地编排。

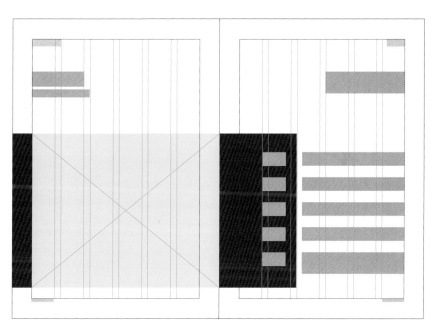

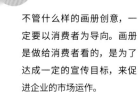

Tips

不管什么样的画册创意，一定要以消费者为导向。画册是做给消费者看的，是为了达成一定的宣传目标，来促进企业的市场运作。

画册
封面设计

画册的封面设计指画册内容、形式、开本、装订以及印刷后期的综合体现，好的画册封面设计要从全方位进行考虑。设计者应根据画册的不同性质、用途和群体，把这三者结合起来。从而对企业形象进行高度提炼，给受众带来过目不忘的视觉感受。封面的表现形式主要从企业元素、图像、文字、材质工艺等方面进行设计，打造出主次分明、简而不空的视觉效果。最后需要注意封面的风格要与内页达到统一。

设计师：Buenaventura estudio

企业元素可以成为 Logo 或品牌辅助图形，这样能丰富整体内容和强化企业形象，提升品牌的知名度，而且能更明确地传递企业特征。

设计师：Hyojeong Lee

利用文字作为封面元素，能直接表达整本书的主题。字体一般会经过重新设计，以独特的形象展现。这种方式适合用于各种行业的封面设计。

设计师：CHANG YEN（张岩）

封面可以插入图像，如以相关拍摄图或抽象图形为主来突出主题。这样不仅能快速传递宣传信息，还能达到强烈的视觉效果。

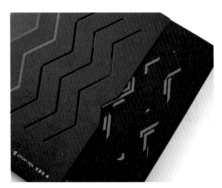

设计师：夏皮南

为了增加画册的美观性，需要利用一些印刷工艺、装帧方式、特殊纸质来突显画册的独特性。比如 UV、烫金、凹凸、丝印、覆膜、镂空等工艺。

画册
内页设计

画册的内页设计根据所提供的内容信息在有限的页面中进行灵活地编排。其中内页中的
目录页和章节页是较为重要的设计部分，关系到整本画册内容的预览及概括功能。画册
内页的版面不能过于花俏，要在变化中保持统一感，以确保读者能顺利地阅读信息。

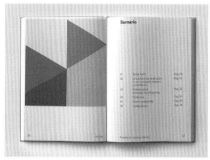

设计师：Buenaventura estudio

设计师：ALEX HUNTING STUDIO

目录

① 目录起到检索全画册的功能。应简洁，有条理可循；

② 目录的设计方式一般以简洁为主，可以从页码数字进行设计，又或者从栏目标题进行编排；

③ 版面要留有足够的空间，利用对比方式将主要信息突显出来，适时地加入一些时尚、有趣的元素进
行点缀，让你的设计从平庸中脱颖而出。

Tips

在画册设计中，章节页和目
录页是否都要设计？其实并
不是（根据实际情况而定）。
如果内容不多，就没必要设
置。目录和章节页是为了方
便阅读，而不是为了增加页
数而强加上去。

设计师：Olga Lantsova

设计师：ALEX HUNTING STUDIO

章节页

① 如果一本书包含很多个栏目，内容杂乱，就需要通过章节页把内容整理得有序而便于阅读；

② 章节页的设计可以使用色彩（单色或渐变色）来提升整体视觉的层次感，又或者把每个栏目中重要
的图像作为每个章节页的图像部分使用；

③ 甚至尝试创建一个有吸引力的字体或图形，也能创造出一种全新的视觉效果。

画册
设计技巧

①

如何让文字
具有高品质感

Before

- 选择的字体（黑体）与主题气质不符合，而且中英字体不搭配；
- 文字之间的层级变化比较单一，显得版面格外单调；
- 图片尺寸显示稍小，视觉冲击力不够。

项目名称：珠宝杂志封面设计

设计要求：画面需要突出主图，以时尚典雅的风格展现

设计尺寸：21.0 cm × 28.5 cm

投放载体：杂志

- 中文字体使用思源宋体，英文字体使用衬线体 Didot（需注意字体版权）；
- 将主图放大，强化版面的视觉效果。调整字体的字号、字距和行距；
- 左下角英文体的大小可以错落有致地编排，让版面层次更丰富。

②
如何编排
具有设计感的封面

Before

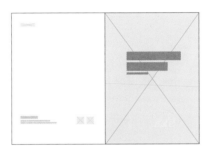

- 图片的色调没有调整好，基本看不出图片的画面；
- 文字的编排导致画面失去协调，出现过多的空洞位置，减弱了整体的画面感；
- 封面的设计可以通过工艺或装帧方式来提升整体的设计感。

项目名称：科技产品封面封底设计

设计要求：关于电子科技产品的宣传，整体以现代而具有设计感的风格展现

设计尺寸：18.5 cm × 26.0 cm

投放载体：产品册

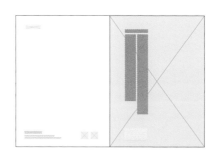

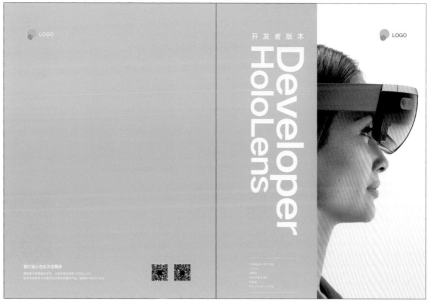

- 封面通过特别的装帧方式增加一页，文字内容放置外页，图片放置于内页；
- 将英文标题放大，并以垂直的方向编排，使版面更具变化和活力；
- 整体的颜色使用蓝绿邻近的渐变色，与品牌 logo 的颜色形成关联性，深化品牌的形象。

③

如何让信息
清晰明了

Before ✕

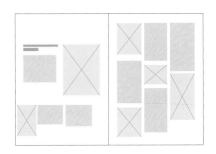

- 中英文字体搭配不协调，整体文字的行距过于松散，使整个页面给人一种凌乱感；
- 图与文之间的关联性不紧密，信息区域没有划分好，容易形成阅读障碍；
- 图片尺寸不应该强制压缩，图片的底图是去掉还是保留需要统一；
- 整体编排缺少整齐性，信息的层级关系不明显。

项目名称：教育类画册内页设计
设计要求：通过图文并茂的编排方式展现整体的现代感
设计尺寸：21.0 cm × 28.5 cm
投放载体：企业画册

- 通过三栏网格的方式将信息放置到每一栏网格中，进行信息区域划分，形成强烈的秩序感；
- 图片统一去掉底图，尺寸保持一致的比例大小，与文字形成紧密性，达到图文并茂的效果；
- 中文使用思源黑体，英文使用 Din 字体。内文（中文字体）字号为 8 pt，行距为 15 pt；
- 将英文标题放大再进行渐变色处理，与图片叠压穿插，形成强烈的对比。

如何编排
多信息版面

Before ✕

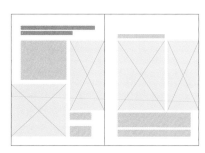

- 选择的中文字体（仿宋）不合适，而且标题的字体不搭配，降低了整体文章的品质感；
- 信息区域没有合理地进行划分，导致某些文段过宽或过短，影响阅读质量；
- 在多图片情况下，如果所有图片几乎按相同尺寸排列，就会给人呆板无趣的效果；
- 画面信息编排得太满，缺少阅读的透气感。

项目名称：家居期刊内页设计
设计要求：通过图文并茂的编排方式展现内容的品质感
设计尺寸：21.0 cm × 28.5 cm
投放载体：企业期刊

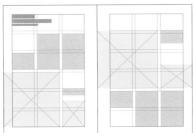

- 中文标题和内文使用思源宋体，英文使用 Georgia 字体，因为宋体更具有高雅的气质；
- 版面通过 3×6 分块网格进行编排，图文可以跨越多个网格，注意信息之间的紧密性；
- 在多图的情况下，应把图片的主次体现出来，使用不同尺寸的图片会让版面更张弛有度；
- 就算信息再多也能通过网格将画面处理得更具有留白感，这样的画面才让人感到舒服。

⑤

如何将文字信息
转化为其他视觉元素

Before

GROUP
RESULTS
集团业绩

截至 2016 年 8 月，已覆盖 29 个省份和直辖市，超过 280 个城市，拥有 49,000 多名员工。与零售商有非常好的合作关系，通过超过 10.9 万个贷款服务网点，累计服务客户超过 1,700 万人次。

继各分店客户服务中心投入运营后，2016 年 9 月，正式启用其投资的全新客户服务中心——客户服务中心。

此前，共设有两大客户服务中心，共可容纳 8000 名专业客服人员，日均服务量可达 750,000 次。随着客户服务中心全面投入运行，将有近 15,000 名客服人员为客户提供 7 天无休的专业服务，服务能力和水平都将得到显著提升。

As of August 2016, it has covered 29 provinces and municipalities directly under the central government, more than 280 cities, with more than 49000 employees. We have a very good cooperative relationship with retailers. Through more than 109000 loan service outlets, we have served more than 17 million customers in total.

After the customer service center of each branch was put into operation, in September 2016, the new customer service center · customer service center invested by it was officially opened.

Previously, there were two major customer service centers, which could accommodate 8000 professional customer service personnel, with an average daily service volume of 750000 times. With the customer service center fully put into operation, there will be nearly 15000 customer service personnel to provide customers with 7-day non-stop professional services, and the service ability and level will be significantly improved.

03

- 内文使用较宽的通栏编排，容易导致视觉疲劳，不利于阅读；
- 为了减少画面空洞的问题，强行将内文字号加大，这样严重影响整体的视觉美感；
- 标题的颜色、字号大小和编排方式变化单一，缺少设计感；
- 整体版面显得单调，节奏感较弱。

项目名称：企业画册内页设计
设计要求：通过图文并茂的编排方式展现整体的现代感
设计尺寸：21.0 cm × 28.5 cm
投放载体：企业画册

- 内文通过两栏网格编排，不一定要将每一栏都填得满满的。将内文下移，留下足够的空间；
- 标题的文字经过字号和颜色的调整后，让标题更具有节奏感；
- 当版面信息量过少而不足以支撑版面丰富度时，可以选择将信息进行二次提取，再把提取出来的信息进行视觉化，形成新的元素，而不是强行将某些元素放大来填充空洞的位置；
- 页眉和页脚的添加可以形成点与线的点缀，让画面更丰富。

⑥
在没有其他素材时
如何增加版面丰富度

Before ✕

- 选择的字体与产品的气质不符合,标题部分的行距过于紧密;
- 虽然整体看上去整齐简洁,但是这样的编排方式过于呆板,缺少吸引力;
- 信息间的层级变化不够明显,导致画面体现不出重要的信息内容。

项目名称：红酒产品内页设计

设计要求：以现代简洁的风格突出产品的高档感

设计尺寸：18.5 cm × 26.0 cm

投放载体：产品册

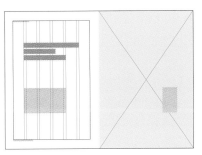

- 标题使用 Georgia 字体，内文使用 PT Serif Caption 字体，调整好文字的字距和行距；
- 添加红色块和线框，线框与右图叠压一起，提升画面的丰富度，整体给人眼前一亮的感觉；
- 将标题放大，颜色选为红色并加粗，与内文形成强烈的对比，增加版面层次感并深化主题。

如果图片质量不好
怎样排才显得高大上

Before

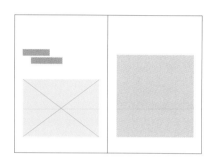

領导致辞
Leader Address

MK 公司成立至今所取得的成绩都是每一位员工辛勤劳动的结晶，因此公司感谢您们，没有您们的付出，就没有 MK 欣欣向荣的今天。

自 20xx 年 x 月 x 日起，MK 通讯正式成立以来，我们一直把 MK 发展成为世界通信网络物理连接领域的作为公司的愿景，在此愿景的鼓舞下，我们通过辛勤的劳动，创立了一个又一个的辉煌。

20xx 年底，MK 公司占地 3 万平方米，总建筑面积 4 万平方米的壮澜生产基地全面投产；20xx 年 x 月 x 日，MK 通讯技术股份有限公司正式登陆小企业板，成为上市公司；20xx 年 x 月，MK 在江夏区设立的全资子公司 MK 通讯技术有限公司正式成立；20xx 年 x 月 x 日，我们工业园开工奠基。MK 不断发展壮大的历史同时也是广大劳动不断超越自我的历史。

领导致辞伴随着企业发展的过程也是我们通过勤劳的双手创造荣誉的过程。2004 年，我们获得了"高新技术企业"、"优秀民营科技企业"、"50 强民营企业"等荣誉称号。20xx 年被评为"自主创新百强中小企业"、"20xx 年通讯设备制造企业 50 强"。20xx 年被认定为"企业技术中心"，20xx 年被认定为"外商投资先进技术企业"，并获得"20xx——20xx 领军企业"等荣誉称号。20xx 年被认定为"高新技术企业"。

领导签名

03 Home Credit B.V.　　　　　　　　　　　　　　　Home Credit B.V. 04

- 整体排版过于单调，毫无设计感；
- 图片的处理过于粗糙，显得非常业余；
- 右侧的文字使用较宽的通栏编排，容易导致阅读疲劳，而且降低整体的格调。

项目名称：企业内页设计

设计要求：通过图文并茂的编排方式展现整体的现代感

设计尺寸：18.5 cm × 26.0 cm

投放载体：宣传册

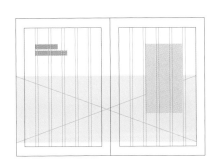

- 将画面中的图片描边，将文字色块去掉，让版面尽量简洁；
- 调整图片尺寸和色调，添加有效色块以修饰图片的不足，提高画面的丰富度和层次感；
- 将文本栏的宽度缩小，留出更多的空白，营造画面留白感，这样才能给人一种高级感和舒适感。

03
平面物料篇

什么是
平面物料设计

平面物料设计就是品牌对外宣传所产生的广告物料，比如宣传海报、企业宣传册、邀请函、书签等。设计者通过多种方式来结合视觉元素达成创作目的，借此来传达信息，以达到整个项目的宣传效果。

例如在设计一个展览的时候，就需要大量的物料设计来宣传展览的活动，包括展览海报、宣传手册、宣传单张、名片、邀请函、入场券、工作证、服饰、旗帜等宣传物料设计。

右图为 2017 新一代设计展主视觉设计，设计师：郭展源、廖怡海、陈舒珊

物料设计的
作用

物料设计具有较强的针对性，活动效率比较高。物料设计可以直接与潜在消费者接触，达到企业推广和产品促销的目的。物料设计按照不同的形式可以分类为宣传单、折页、宣传册、名片、工作证、邀请卡等。根据不同的主题需求选择不同的形式进行宣传，满足品牌营销的不同场合和消费群体。

2023 European Capital of Culture，设计师：de_form studio，nora demeczky，eniko deri4

物料设计
构成要素

物料设计构成要素有图像、文案和工艺。如果要确保物料有足够的吸引力和保存价值，首先在设计与创意上要别致新颖、印刷精美，才能吸引消费者，留下深刻的宣传印象。

图像要素

通常看到的街边宣传单都是以产品图片搭配大量的文字，重要信息不突出。这样的宣传会让消费者产生视觉疲劳，达不到宣传效果。在图像处理上，应该增强画面的视觉冲击力，使其版面层次清晰，主题明确。

2016 诚品书店 晒书市集宣传单设计，设计师：Yao Chung

字体要素

除了图像要素，字体的处理也是必不可少的。文字是充分传达产品的重要元素，为了能更加吸引消费者，设计时需要注意字体设计的处理。这样不仅能让版面更加美观，还能让消费者产生视觉上的刺激，引起阅读兴趣，甚至让人想保存下来。

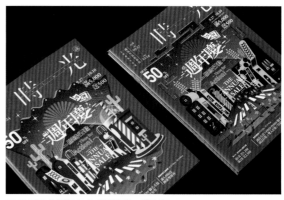

2018 诚品生活周年庆书刊设计，设计师：Yue Syuan Wu

工艺要素

工艺没有规定的方式。如果是以单张的方式呈现，可以考虑选用不同的材质来表现出不同的效果。如果是以折页的方式呈现，可以在折叠和裁切方式上进行创新。因此，可以根据具体情况灵活设计，尽量做到自由发挥，又能使消费者方便阅读，以吸引消费者的目光。

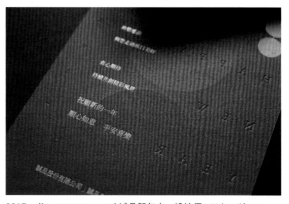

2017 eslite new year card 诚品贺年卡，设计师：N-ing Chang

物料设计
工艺种类

不同的材料会形成不同的印刷效果和视觉冲击力，巧妙地选用材料能够吸引消费者的眼球，从而提高促销效果。一般印刷品的后加工包括很多工艺，如烫金、起凸、UV、覆膜、模切等，这些工艺有助于提高印刷品档次。

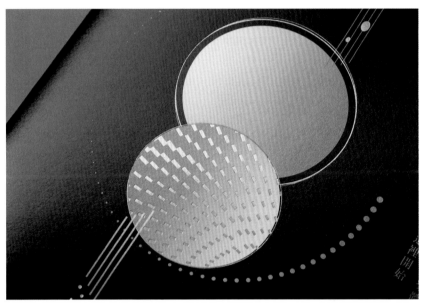

封面：凝雪映画纸 200 g ＋烫金＋特色蓝＋特色金＋骑马钉，设计师：Connie Huang

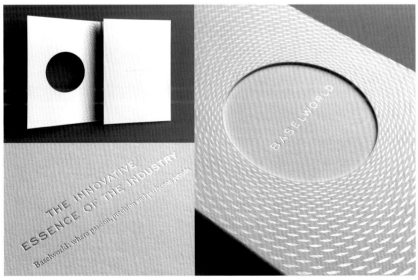

Vip 邀请卡：丝网＋烫印＋模切，设计师：Mélanie & Nicolas Zentner

平面物料
设计技巧

①
如何让画面
具有质感

Before

- 中英文字体的选择不合适，与主题气质不符合，选择的字型结构应富有现代感，方正简洁；
- 英文标题与中文标题编排不协调，下部分的文字选用通栏的方式编排，容易导致视觉疲劳；
- 画面配色过于单调，缺乏感染力和视觉冲击力，体现不出产品高质感的特征。

项目名称：电子产品单张设计
设计要求：突出产品，以高质感的视觉效果给消费者留下深刻的印象
设计尺寸：21.0 cm × 28.5 cm
投放载体：宣传单

- 英文为 DIN，中文为思源黑体。通过改变标题的字号和粗细，添加线条并将其编排在同一行中；
- 版面使用中心构图，这样的构图更加稳定，并能吸引消费者的注意力；
- 背景选用红色的同色渐变作为底色，与产品融为一体，突显产品特性，提高画面质感和层次。

②
如何通过视觉
吸引消费者

Before

- 标题字体辨识度过低，缺少主次关系；
- 文字与主图的组合没有层次感，整个版面给人死板的感觉；
- 画面配色体现不出食物的美味，缺乏视觉吸引力。

项目名称：餐饮单张设计
设计要求：画面需要突出主图，吸引顾客的注意，并通过视觉冲击来刺激消费
设计尺寸：21.0 cm × 28.5 cm
投放载体：宣传单

- 将字体换成思源宋体，宋体更具品位，更符合西餐特性；
- 把图片放大，将标题和主要信息进行倾斜方向编排，使版面具有动感和吸引力；
- 背景图使用木板底纹，标题选取主图中的颜色，与背景形成对比，提高画面的视觉冲击力。

③
如何让信息层级
清晰明了

Before

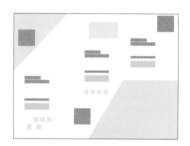

- 字体的选择不合适，信息层级凌乱无序；
- 虽然想用序号表示每一项内容，但是各元素并没有处理好；
- 图片和颜色没有处理好，降低画面的视觉质感。

项目名称：电子产品折页设计

设计要求：以图文并茂的编排方式突出产品信息内容

设计尺寸：9.5 cm × 21.0 cm

投放载体：宣传折页

- 序号与英文标题紧密相连，将序号放大加粗并明确信息的层级关系，营造视觉流程；
- 利用辅助线帮助元素之间对齐，使设计条理清晰，结构合理，让版面更加规整和舒适；
- 配色选用蓝绿渐变色，图片与颜色叠加一起，适当添加色块提升层次，加强整体的科技感。

如何让版面
编排得具有设计感

正面

背面

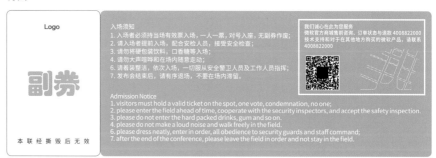

- 正面标题处理得比较单一，设计感不够强烈；
- 背面信息编排拥挤，文字行距过于紧密；
- 整体排版过于单调，信息间的层级关系不够明确。

项目名称：产品发布会的入场券设计

设计要求：突出发布会主题，以现代的风格方式展现画面的设计感

设计尺寸：17.5 cm × 6.0 cm

投放载体：入场券

正面

背面

- 将主标题"混合现实"重新调整和设计，底色添加蓝色渐变色，提升整体的层次感和设计感；
- 把主标题放大并放置在左侧，右侧放置副标题和时间地址的信息，控制好信息间的距离；
- 背面中文字号为 6 pt，英文为 5 pt，辅助信息一般可以小点，留出空间感并提升质感。

⑤
如何让信息规整具有对比性

Before ✕

K O N R

海南省海口市滨海大道 115 号
海垦国际金融中心 3003 号
电话：+86-898-68592290
传真：+86-898-68592280
手机：13467349002
邮箱：Chenshanmin@163.com

陈善民
销售经理

电昌科技有限公司
海南分公司

- 画面信息层级混乱，主次关系不明显；
- 信息间的行距过于紧密，降低阅读的舒适感；
- 右侧信息使用了两种对齐方式，但是视觉上让人觉得混淆，应在规整的情况下使用对齐方式。

项目名称：个人名片设计
设计要求：以现代简约的风格编排个人名片的信息
设计尺寸：9.0 cm × 5.5 cm
投放载体：名片

After

KONR

陈善民
销 售 经 理

电昌科技有限公司
海南分公司

海南省海口市滨海大道 115 号
海垦国际金融中心 3003 号

电话：+86-898-68592290
传真：+86-898-68592280
手机：13467349002
邮箱：Chenshanmin@163.com

- 确定各信息的层级关系，重要的信息应突出对比性，可改变字体的字号、颜色或增加留白感；
- 调整字号大小，由于是个人名片，姓名和职位应重点突出，其他文字字号可以调为 7 pt；
- 统一使用左对齐，关于对齐方式，使用一种方式的对齐可令版面工整。

04
Banner 篇

Banner 主要投放于互联网，在互联网媒体广告中发挥出越来越重要的作用。如何通过 Banner 去做好宣传，如何提高 Banner 的设计水平已成为设计师不得不思考的问题。

什么是
Banner 设计

Banner 翻译成中文是"横幅、广告"的意思。Banner 的应用范围非常广泛，可以是网站页面的横幅广告，也可以是宣传活动时用的旗帜，还可以是报纸杂志上的大标题。最常用的 Banner 主要用于网站中，也就是网站的横幅广告。

设计师：Mike

Banner
风格表现

在设计 Banner 前需要了解项目定位和需求，再确定设计风格。不同类型的 Banner 定位给人的视觉感受也不同。Banner 的风格主要表现可以看以下分析图。

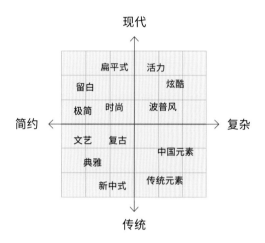

现代简约风

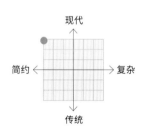

设计师：Ilya Bakanov, Insigniada

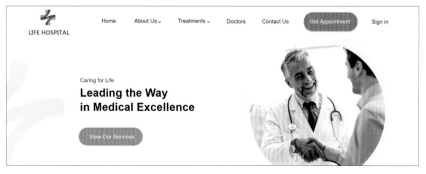

设计师：Elnara Muslumlu

简约中国风

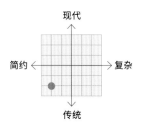

Banner
常规版式

一个画面从无到有，设计师需要对 Banner 有全盘的设计和把控。同样的素材和配色，却能设计出不同的版式。那么 Banner 的常规版式有哪些？可以结合摄影三分法来分析。

① 左右编排

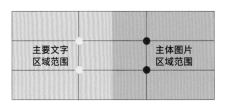

从上图的三分法构图中，当确定主体图位置后，便能轻易找到版面的平衡点，形成左右编排的构图。这样的排列方式可以让画面产生从左向右的阅读顺序。这种方式也是 Banner 设计中使用最广泛的方式。（上图设计师：Maxim Nilov）

Tips

三分法，也称作井字构图法，是一种在摄影、绘画、设计等艺术中常用的构图手段。在摄影三分法中，摄影师需要将场景用两条竖线和两条横线进行分割（如右图），如同汉字的"井"字。这样就可以得到四个交叉点，再将物体放置在其中一个交叉点上（或其范围），就能找到版面的另一个平衡点。

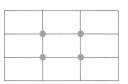

② 上下编排

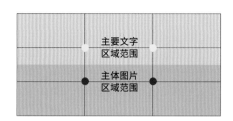 

如果要强调主图要素，可以将图片摆放在文字的下方，让读者在第一时间了解到版面的主体信息，使画面表现出稳固、深沉的视觉效果。（上图设计师：Maxim Nilov）

③ 对角编排

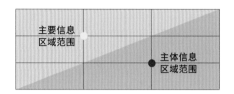 

通过左上角与右下角的交点对角关系，形成对角平衡的效果。例如在版面的左上方添加主图，右下角添加文字的元素。（上图设计师：Mike）

④ 中心编排

将主要信息放置于版面的中央，两边添加其他元素作为修饰，以丰富版面的层次感，并提高版面的主题信息。（上图设计师：Jingyi Ong）

另外，中心编排也可以将主要信息放置于版面中央，底部添加背景素材（图片或文字）。形成叠压穿插的视觉效果，以增加画面的设计感，吸引用户眼球。（上图设计师：Maxim Nilov）

Tips

三分法构图实际上是一种比例分配原则，不仅能突出版面主题重点，而且还能通过井字构图轻易找到画面的平衡点，使画面更加和谐。以上所分析的基本构图类型一般可运用于Banner、海报、单张、名片等设计。

Banner
设计技巧

①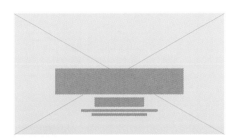

如何搭配
中英文字体

Before

- 图中的文字搭配与画面主题不协调，需考虑字体的气质；
- 配色过于单调，可以考虑使用对比性较强的配色突出主题；
- 居中对齐编排虽然较为稳妥，但是这样的画面容易给人无趣乏味的印象。

项目名称：体育广告 Banner 设计

设计要求：以图文并茂的方式展现强烈的视觉感

设计尺寸：1366 px ×760 px

投放载体：网站横幅

 After

- 英文选用 DINCond 字体，中文思源黑体，结构相似的字体搭配起来会更协调；

- 配色可以选用（蓝黄）对比色，黄色与背景之间的对比形成强烈的聚焦突出作用；

- 通过改变字体的排版方向，使版面具有动感和节奏感，给人一种强烈的视觉效果。

②
如何将纯文字版式
进行合理的组合设计

Before ✕

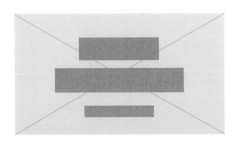

- 选择过多种类的字体会导致画面不和谐，应避免使用三种以上的字体；
- 尝试选择家族字体，这样能让画面更协调；
- 虽然居中对齐能让版面具有稳定感，但这样的版式显得单调乏味。加上文字的编排缺乏层次，未能突出主要信息内容，整体给人一种半成品的感觉。

项目名称：快餐促销广告 Banner 设计

设计要求：强化价格信息，烘托出促销的氛围，从视觉上吸引消费者

设计尺寸：1366 px ×760 px

投放载体：网站横幅

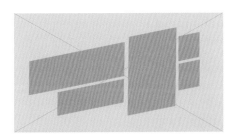

- 同一画面的字体应控制在三种以内，中文选择优设标题黑，数字为 Akzidenz；
- 将重要的信息放大加粗，改变颜色，加强字体的立体感。使信息内容主次分明，让消费者快速获得重要信息。整体可以倾斜编排，增强画面的动感。

③
如何让画面
编排得更切合主题

✖ Before

瑜伽改变生活

- 字体与画面搭配不协调，版面编排过于单调，完全体现不出主题的时尚健康感；
- 这样的配色让人感觉不舒适，缺少清新自然的感觉；
- 图片没有处理好，降低画面的质感。

项目名称：瑜伽广告 Banner 设计

设计要求：画面以时尚健康的风格展现，突出宣传语（slogan）

设计尺寸：1366 px ×760 px

投放载体：网站横幅

- 字体可选用黑体或圆体，黑体的细体字精致简洁，而圆体的圆润型边角给人亲和感；
- 文字以品牌 logo 中的绿色作为主色，浅蓝的渐变色作为背景色，这样的配色给人一种清新感，并能够保持整体的统一感。图片叠压在文字上，提升画面层次感。

④

在没有图片的情况下
如何将画面编排得更有视觉感

Before

- 选择过多种类的字体会导致画面不协调，缺乏专业性；
- 尝试选择家族字体，这样能让画面更统一和谐；
- 居中对齐，画面单调，文字的编排缺乏层次，视觉效果一般。

项目名称：广告 Banner 设计
设计要求：烘托出促销的氛围，视觉上能吸引消费者
设计尺寸：760 px × 760 px
投放载体：网站横幅

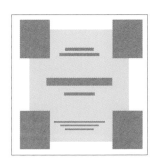

- 同一画面的字体应选择家族字体，这样更方便控制文字之间的字重比例；
- 将英文"SALE"拆分，放大并分别放在画面四角；
- 再添加矩形色块，与文字形成强烈的视觉对比；
- 将其他信息居中编排，重要的信息放大加粗，改变字体颜色，使信息内容主次分明，让消费者快速获得重要信息。

⑤

如何让图片
具有层次感

Before

- 将图像和文案放置在版面两侧，编排单调且没有层次感；
- 没有进行配色处理，重要信息不够突出，辨识度较低；
- 即便是少图少字的情况下，也应该想办法将版面设计得更完善，而不是草草了事。

项目名称：电子产品广告 Banner 设计

设计要求：画面需要突出主图，以简约现代的风格展现

设计尺寸：1366 px ×760 px

投放载体：网站横幅

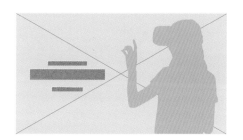

- 既然是关于电子科技的产品，那么颜色上可以选择蓝色系进行配色；
- 添加圆形色块，与主图融为一体，注意主图的阴影处理，能加强空间感，使层次更加明显；
- 将文字进行色彩处理，使信息内容更加明确。

⑥

如何让画面
更具有促销的视觉效果

Before

女装抢购
100款特惠秋冬新装等你来

- 版面只是简单的文字排版，并没有突出促销的氛围；

- 整体编排格外单调，缺乏感染力和视觉冲击力；

- 可添加其他视觉元素增加画面的层次感，让版面效果更显张力。

项目名称：女装促销广告 Banner 设计
设计要求：突出抢购信息，渲染烘托出促销的氛围，激发消费者购买的欲望
设计尺寸：1366 px ×600 px
投放载体：网站横幅

- 图片放置于中部，将重要文字进行放大加粗处理，并与图片叠压在一起；
- 添加邻近渐变色作为背景色，这样的配色可以更加吸引消费者注意力，起到促销作用；
- 另外再添加其他渐变色块，作为点的元素，使版面更丰富，更具空间感。

⑦
如何让产品
更吸引消费者

Before

Dr.Li BB Cream Makeup
2018 NEW PRODUCT

- 版面使用白色作为背景色，显得格外单调，缺乏感染力，且不能展现出产品的特征；
- 图片和文字没有处理好，降低画面的质感；
- 可添加图片或颜色作为背景，使版面效果更显张力。

项目名称：化妆品广告 Banner 设计
设计要求：突出产品，以时尚简约的风格展现
设计尺寸：1366 px ×600 px
投放载体：网站横幅

- 把产品图放大，并以倾斜方向放置于画面中，比例可占页面的一半，增强画面的视觉冲击力；
- 将标题的文字放大，内容信息沿着产品的造型倾斜编排；
- 添加粉色色块作为背景色，但是不要铺满画面，保持与产品方向一致，这样才能突显空间感。

图书在版编目（CIP）数据

版式设计：经验法则与实战技巧 / 周妙妍 著．－ 武汉：华中科技大学出版社，2020.3（2020.10 重印）
ISBN 978-7-5680-5727-1

Ⅰ．①版… Ⅱ．①周… Ⅲ．①版式－设计 Ⅳ．① TS881

中国版本图书馆 CIP 数据核字（2020）第 022746 号

版式设计：经验法则与实战技巧

Banshi Sheji：Jingyan Faze yu Shizhan Jiqiao

周妙妍 著

出版发行：华中科技大学出版社（中国·武汉）   电话： （027）81321913

武汉市东湖新技术开发区华工科技园   邮编：430223

责任编辑：段园园   版式设计：周妙妍

责任校对：周怡露   责任监印：朱 玢

印　　刷：深圳市亿利达数码印刷有限公司

开　　本：787mm × 1092mm   1/16

印　　张：13

字　　数：125 千字

版　　次：2020 年 10 月第 1 版 第 5 次印刷

定　　价：138.00 元

投稿热线：13710226636   duanyy@hustp.com

本书若有印装质量问题，请向出版社营销中心调换

全国免费服务热线：400-6679-118 竭诚为您服务